GUIDE ÉLÉMENTAIRE

POUR LES PREMIÈRES RECHERCHES

D'ANALYSE QUALITATIVE

DES MATIÈRES MINÉRALES

PAR

F. PARMENTIER

ANCIEN ÉLÈVE DE L'ÉCOLE NORMALE
PROFESSEUR A LA FACULTÉ DES SCIENCES DE MONTPELLIER

OUVRAGE DESTINÉ AUX DÉBUTANTS ET SPÉCIALEMENT AUX CANDIDATS
A LA LICENCE ET A L'AGRÉGATION

PARIS

Vve CH. DUNOD, ÉDITEUR

LIBRAIRE DES CORPS NATIONAUX DES PONTS ET CHAUSSÉES, DES MINES
ET DES TÉLÉGRAPHES
49, Quai des Augustins, 49

1887

ON TROUVE A LA MÊME LIBRAIRIE:

BERTHELOT, sénateur, membre de l'Institut, professeur au Collège de France. — **Essai de mécanique chimique fondée sur la thermochimie.** 2 forts volumes in-8°. Prix . . . . **45 fr.**

BERTHELOT, sénateur, membre de l'Institut, professeur au Collège de France, et JUNGFLEISCH, membre de l'Académie de médecine, professeur à l'École de Pharmacie. — **Traité élémentaire de chimie organique.** 3e édition, avec de nombreuses figures. 2 vol. in-8°. Prix . . **25 fr.**

KOLHRAUSCH, professeur à l'Université de Wurzbourg. — **Guide de physique pratique avec un appendice sur le système de mesures absolues électriques et magnétiques,** traduit par MM. J. Thoulet et H. Lagarde. 1 vol. in-8° avec nombreuses figures. Prix . . . . . **10 fr.**

DITTE, professeur de chimie à la Faculté des lettres de Caen. — **Traité élémentaire de chimie fondée sur les principes de la thermochimie.** 1 vol. in-18. Prix . . . **5 fr.**

A. RIVIÈRE, professeur honoraire au lycée Corneille de Caen, et Ch. RIVIÈRE, professeur au lycée Saint-Louis. — **Traité de manipulations de chimie.** 2 vol. in-18 avec nombreuses vignettes. Prix . . . . **5 fr.**

PARIS. — IMP. C. MARPON ET E. FLAMMARION, RUE RACINE, 26.

GUIDE ÉLÉMENTAIRE

POUR LES PREMIÈRES RECHERCHES

D'ANALYSE QUALITATIVE

DES MATIÈRES MINÉRALES

IMPRIMERIE C. MARPON ET E. FLAMMARION
RUE RACINE, 26, A PARIS.

GUIDE ÉLÉMENTAIRE

POUR LES PREMIÈRES RECHERCHES

D'ANALYSE QUALITATIVE

DES MATIÈRES MINÉRALES

PAR

F. PARMENTIER

ANCIEN ÉLÈVE DE L'ÉCOLE NORMALE
PROFESSEUR A LA FACULTÉ DES SCIENCES DE MONTPELLIER

OUVRAGE DESTINÉ AUX DÉBUTANTS ET SPÉCIALEMENT AUX CANDIDATS
A LA LICENCE ET A L'AGRÉGATION

PARIS

Vᵛᵉ CH. DUNOD, ÉDITEUR

LIBRAIRE DES CORPS NATIONAUX DES PONTS ET CHAUSSÉES, DES MINES
ET DES TÉLÉGRAPHES

49, Quai des Augustins, 49

1887

AVANT-PROPOS

Pendant un enseignement d'un assez grand nombre d'années, j'ai reconnu combien il est difficile aux débutants de s'initier aux premiers éléments de l'analyse. Les leçons orales, les recherches dans des livres ou trop incomplets ou trop spéciaux, ne leur suffisent pas. J'ai pensé être utile aux jeunes gens qui commencent les travaux de la chimie, en leur mettant entre les mains un petit ouvrage facile à consulter et à suivre, pour guider leurs premiers pas dans les recherches analytiques.

Une fois initiés aux premiers principes et mis au courant d'un certain nombre de manipulations, ils seront à même, grâce à des livres plus complets et à des ouvrages spéciaux, de se livrer aux travaux si délicats de l'analyse. — C'est aux débutants que je dédie cet ouvrage, espérant leur aplanir les premières difficultés.

GUIDE ÉLÉMENTAIRE

POUR LES PREMIÈRES RECHERCHES

D'ANALYSE QUALITATIVE

DES MATIÈRES MINÉRALES.

RÉACTIFS ET APPAREILS.

MATÉRIEL NÉCESSAIRE A L'ANALYSE QUALITATIVE.

1° Réactifs :

Les objets nécessaires pour les premières recherches d'analyse qualitative sont peu nombreux. Quelques appareils des plus simples et quelques réactifs suffisent.

Les réactifs sont les substances nécessaires pour caractériser les corps qu'il s'agit de déterminer. Ils sont employés les uns à l'état de dissolution, les autres à l'état solide.

Les réactifs sont renfermés dans des flacons bouchés, en général, à l'émeri. Les flacons sont eux-mêmes rangés dans les casiers d'une boîte, dite *boîte à réactifs* (fig. 1). Les flacons doivent être soigneusement étiquetés (en général le nom du contenu est gravé sur le flacon) et toujours être remis dans la même case. Quand on se sert de l'un de ces flacons, il faut éviter de souiller le bouchon par son contact avec des objets quelconques. Pour cela, il est bon, pendant que l'on tient le flacon avec les deux premiers doigts, de garder le bouchon par sa partie plate entre le troisième et le quatrième doigt de la main droite de façon que la portion ronde qui est mouillée de liquide soit à l'extérieur de la main. Sans cette précaution, et en plaçant les bouchons sur les tables du laboratoire, les réactifs se trouveraient bientôt souillés par toutes sortes d'impuretés et il faudrait les renouveler.

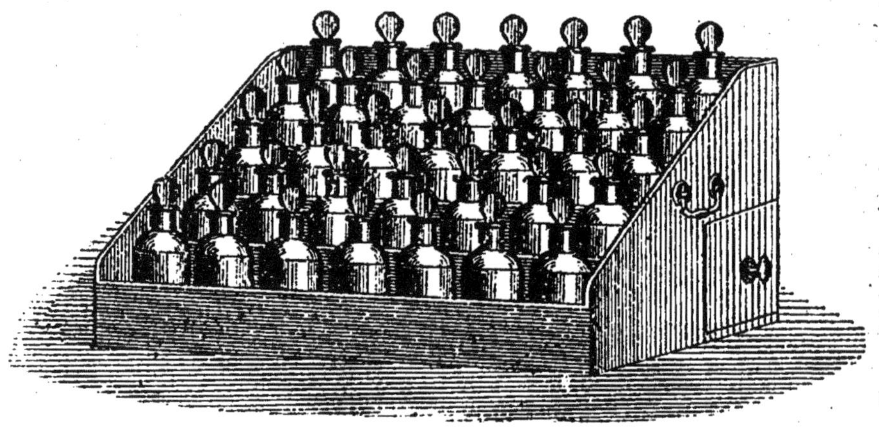

Fig. 1.

De plus, les cols des flacons dont on s'est servi doivent être essuyés avec soin, sans quoi la plupart se trouveraient souillés par la production de sels, production due aux réactifs volatils ou à l'acide carbonique de l'air, ou encore à la cristallisation des liquides qui sont restés en dehors du flacon.

En général, la seule précaution que l'on prenne pour ranger les flacons dans les casiers de la boîte à réactifs est d'éloigner le plus possible les unes des autres les substances volatiles. H. Sainte-Claire-Deville conseillait toujours de placer aux quatre coins de la boîte les acides les plus usuels (sulfurique, azotique, chlorhydrique) et l'ammoniaque. La potasse doit être placée au centre, ainsi que l'eau de chaux, la baryte et la soude. De cette façon, on évite la proximité des matières pouvant émettre ou absorber des vapeurs, aussitôt combinées. Les ouvertures des flacons restent propres et ne sont pas souillées par la production de sels. — Les flacons contenant les autres substances sont placés de façon à être le plus possible éloignés des réactifs pouvant les souiller.

Quelquefois, au lieu de flacons bouchés à l'émeri, on se sert de flacons portant des tubes ouverts à leurs deux extrémités et effilés à leur partie inférieure. Ces tubes servent de pipettes. Le joint entre le flacon et la pipette est fait au moyen d'un tube de caoutchouc fixé sur la pipette. Avec ces boîtes le déplacement des flacons devient inutile et les ouvertures restent propres. Quand on a besoin d'un réactif, on ferme avec le doigt la partie supérieure du tube, on retire ce tube du flacon, et, en laissant rentrer de l'air dans la pipette, on fait écouler la quantité voulue de réactif.

On commence à se servir aussi de flacons bouchés à l'émeri dont les bouchons portent une large tête plate. On peut poser alors ces bouchons renversés sur les tables sans craindre de les souiller ou de tacher les tables.

La plupart des réactifs habituellement employés sont livrés à l'état de pureté par le commerce. Cependant avant de s'en servir il faut vérifier s'ils sont réellement purs. Certains ont besoin d'être préparés dans les laboratoires ou d'y être purifiés. D'autres demandent à être renouvelés fréquemment. Nous insisterons spécialement sur ceux dont l'état de pureté demande à être vérifié le plus fréquemment.

Une boîte à réactifs contient les substances suivantes :

1° *Acide sulfurique pur*. Cet acide est employé concentré ou étendu d'eau. Il est placé dans l'angle supérieur et de gauche de la boîte. L'acide sulfurique du commerce contient quelquefois de l'acide nitrique dont on constatera la présence en y versant une goutte de sulfate d'indigo qui ne doit pas se décolorer. Il doit être incolore et ne doit pas renfermer d'arsenic, ce que l'on reconnaît avec l'appareil de Marsh décrit plus loin;

2° *Acide azotique pur*, placé dans l'angle supérieur et de droite de la boîte. On emploie cet acide à l'état quadrihydraté ou plus étendu d'eau. L'acide de commerce peut contenir de l'acide sulfurique ou de l'acide chlorhydrique. Le premier de ces acides se reconnaîtra en versant de l'azotate de baryte ou du chlorure de baryum dans l'acide azotique étendu d'eau. L'azotate d'argent permettra de constater la présence de l'acide chlorhydrique. Ces deux corps ne doivent pas troubler l'acide azotique étendu.

3° *Acide chlorhydrique pur et étendu d'eau*, de façon qu'il n'émette pas des vapeurs trop intenses. Le flacon contenant ce réactif sera placé dans l'angle gauche et inférieur de la boîte.

L'acide chlorhydrique du commerce peut contenir de l'acide sulfurique. Il ne doit pas donner de trouble avec une dissolution étendue de chlorure de baryum.

3° *Ammoniaque pure et étendue d'eau*, placée dans l'angle inférieur et de droite de la boîte. Le réactif évaporé ne doit pas laisser de résidu. Il ne doit pas non plus troubler une dissolution d'un sel de chaux, sans quoi il contiendrait du carbonate d'ammoniaque.

5° *Un flacon d'acide acétique pur et étendu d'eau*. Ce réactif est quelquefois souillé par de l'acide sulfurique, que l'on reconnaît avec du chlorure de baryum.

6° *Une dissolution de potasse*, placée au centre de la boîte. Il est bon de boucher le flacon qui contient cette dissolution avec un bouchon de caoutchouc dévulcanisé à la surface par une ébullition assez prolongée avec de la potssse du commerce. Il est bon de s'assurer, de temps en temps, si cette dissolution n'a pas absorbé d'acide carbonique. Elle ne doit pas troubler les sels de chaux, ou du moins ne pas donner avec ces sels un précipité notable. En tous cas, il faut savoir si la potasse employée est oui ou non souillée par des carbonates. Souvent elle contient des chlorures : ce que l'on reconnaît avec l'azotate d'argent après avoir ajouté à la potasse de l'acide azotique en excès.

7° *Une dissolution de soude*, pour laquelle il faut prendre les mêmes précautions que pour celle de la potasse.

8° *Une dissolution d'eau de chaux*. Cette dissolution doit être saturée. Elle s'obtient facilement en mettant de la chaux vive ou de la chaux éteinte dans un grand flacon avec de l'eau distillée et agitant fréquemment le mélange; on rejette la première eau qui peut contenir des chlorures et on rajoute de l'eau. Au bout de quelques temps la liqueur surnageante est saturée et parfaitement limpide. On la décante et on en met dans un flacon de la boîte à réactifs.

9° *De la chaux éteinte*. On l'obtient en versant sur de la chaux vive la plus petite quantité d'eau possible pour qu'elle se délite complètement. La poudre blanche qu'on obtient est introduite dans un flacon à large ouverture et bouché soigneusement avec un bouchon de caoutchouc dévulcanisé.

10° *De l'eau de baryte*. Cette dissolution s'obtient en dissolvant de la baryte du commerce dans le moins d'eau bouillante possible et en filtrant à chaud. On laisse refroidir cette dissolution. La majeure partie de la baryte cristallise par refroidissement. L'eau qui surnage ces cristaux est une dissolution d'eau de baryte contenant, en général, presque tout le chlorure de baryum contenu dans la baryte impure du commerce. Les cristaux d'hydrate de baryte sont lavés avec un peu d'eau froide puis dissouts. C'est cette dissolution qui doit servir en analyse. Il faut, comme pour l'eau de chaux, avoir soin d'essuyer les bords du flacon chaque fois qu'on s'en est servi. Il faut vérifier aussi que cette liqueur additionnée d'un petit excès d'acide azotique pur ne précipite pas par l'azotate d'argent.

11° *Une dissolution saturée d'hydrogène sulfuré*, obtenue en faisant passer dans de l'eau distillée et récemment bouillie le gaz hydrogène sulfuré qui a préalablement passé par un flacon laveur contenant de l'eau. Souvent le flacon qui contient cette dissolution est placé en dehors de la boîte. Il faut avoir soin, à cause de la grande altérabilité de ce réactif au contact de l'air, de le renouveler de temps en temps. Souvent on prépare une assez grande quantité de cette dissolution et on l'enferme dans de petits flacons complètement pleins, bien bouchés, qu'on tient renversés dans des verres pleins d'eau. On ouvre ces flacons au fur et à mesure qu'on en a besoin.

Outre cette dissolution, il faut avoir à sa disposition un appareil à production continue d'hydrogène sulfuré, appareil dont la forme est très variable suivant les laboratoires. On se sert de cet appareil chaque fois qu'il est nécessaire d'employer une grande quantité d'hydrogène sulfuré. Ce gaz étant relativement peu soluble, l'usage de sa dissolution fait souvent étendre d'une façon disproportionnée les liqueurs. Il faut avoir soin, chaque fois que l'on se sert de cet appareil, de prendre un tube à dégagement neuf ou de laver très soigneusement celui qui vient de servir. On comprend que, sans cette précaution, toute élémentaire, on risquerait d'introduire dans ses analyses un grand nombre d'impuretés provenant des opérations antérieures.

12° *Une dissolution d'acide sulfureux.* A cause de la transformation de l'acide sulfureux en acide sulfurique au contact de l'oxygène de l'air, cette dissolution doit être faite avec de l'eau bouillie; elle doit être renouvelée dès qu'elle donne, avec les sels de baryte solubles, un précipité blanc de sulfate de baryte. Aussi, le plus souvent ce réactif, qui ne peut guère être conservé, est-il placé dans un flacon dont l'usage est commun à tout le laboratoire.

13° *Eau de chlore.* La dissolution du chlore dans l'eau doit être conservée dans des flacons noirs ou bleus. Quand on n'a pas de ces flacons à sa disposition, on emploie des flacons blancs qu'on entoure de papier bleu ou noir.

14° *Sulfhydrate d'ammoniaque.* On se sert quelquefois de sulfhydrate d'ammoniaque neutre. Pour préparer ce réactif on prend une certaine quantité d'une dissolution ammoniacale que l'on partage en deux parties égales. L'une des portions est exactement saturée d'hydrogène sulfuré, ce qui donne une dissolution de sulfhydrate de sulfure d'ammonium ; en ajoutant à cette liqueur l'autre portion d'ammoniaque on a le sulfure neutre. Le plus souvent on se sert de la dissolution saturée d'hydrogène sulfuré, qui cède de son soufre à un certain nombre de sulfures. L'action des deux réactifs sur les sels métalliques n'est pas toujours le même, comme on le verra par la suite.

15° *Molybdate d'ammoniaque.* On se sert de ce réactif pour reconnaître l'acide phosphorique tribasique. Il est d'une sensibilité extrême. Pour s'en servir, il y a quelques précautions à prendre. Il faut d'abord que la dissolution qui contient l'acide phosphorique soit acide. De plus, il faut dissoudre le molybdate d'ammoniaque lui-même dans un acide. Pour cela on verse d'habitude la dissolution aqueuse de molybdate d'ammoniaque du commerce dans un grand excès d'acide nitrique en ayant soin d'agiter constamment la liqueur pour redissoudre les molybdates très acides et peu solubles qui tendent à se précipiter. On doit avoir une dissolution bien claire. Quand, à cette dissolution, on ajoute un phosphate, on voit la liqueur jaunir. En ; élevant ensuite la température vers 60 à 70 degrés, il se produit un précipité jaune qui est du phosphomolybdate d'ammoniaque, dont la formule suit :

$$3AzH^3O,\ PhO^5,\ 20MoO^3 = 3(AzH^4)^2O,\ Ph^2O^5,\ 20MoO^3.$$

On voit que pour un équivalent d'acide phosphorique il faut vingt équivalents d'acide molybdique. Aussi la liqueur molybdique doit-elle toujours être en grand excès par rapport à l'acide phosphorique. Il faut également que les liqueurs soient très acides ; sans quoi il y aurait formation de phosphomolybdates blancs solubles.

16° *Acide phosphomolybdique.* (PhO^5, $20MoO^3 + Aq = Ph^2O^5$, $20MoO^3 + Aq$.) Le précipité précédemment obtenu, traité par l'eau régale qui détruit l'ammoniaque, se dissout et fournit une liqueur jaune qui est une dissolution acide d'acide phosphomolybdique que l'on pourrait faire cristalliser et redissoudre dans l'eau. Cet acide est un réactif très sensible pour retrouver l'ammoniaque et les bases alcalines autres que la soude et la lithine, comme aussi les alcalis organiques. Sa préparation n'est pas compliquée, et son usage devrait être plus répandu qu'il ne l'est dans les laboratoires.

Nota. — L'acide arsénique et la silice se conduisent avec la liqueur molybdique d'une façon analogue à l'acide phosphorique ordinaire. Aussi faut-il avoir soin, avant de conclure dans une analyse à la présence certaine de l'acide phosphorique, de rechercher, par les procédés décrits plus loin, les autres caractères de ce corps, ou encore de bien constater l'absence de l'arsenic et de la silice dans les matières à examiner.

17° *Cyanure jaune ou ferrocyanure de potassium,* $FeK^2Cy^3 + 3HO = FeK^4Cy^6 + 3H^2O$. Ce réactif permet de reconnaître les sels de sesquioxyde de fer avec lesquels il donne un précipité bleu (*bleu de Prusse*). Le cyanure jaune livré par le commerce doit être purifié par cristallisations. Il ne faut jamais faire bouillir ce réactif avec un excès d'acide, ce qui amènerait sa décomposition et pourrait induire en erreur dans la recherche du fer.

18° *Cyanure rouge ou ferricyanure de potassium* ($Fe^2K^3Cy^6$, $= FeK^3Cy^6$,) qui donne avec les sels de protoxyde de fer un précipité bleu (*bleu de Turnbull*). Ce réactif ne se conserve pas en dissolution. Il vaut mieux l'avoir à l'état solide et en faire la dissolution au moment de s'en servir.

19° *Bimétaantimoniate de potasse.* Sert à caractériser la soude. Il donne avec les sels de cette base un précipité insoluble. Il faut le conserver à l'état solide et ne se servir que de dissolutions fraîchement faites.

Les autres réactifs qu'il faut avoir à sa disposition, à l'état de dissolution, et qui sont en général livrés suffisamment purs par le commerce, sont :

1. *Azotate d'argent.*
2. *Azotate de plomb.*
3. *Acétate de plomb.*
4. *Bichlorure de mercure.*
5. *Protochlorure d'étain (conservé sur de l'étain).*

6. *Bichlorure d'étain.*
7. *Sulfate de cuivre.*
8. *Chlorure d'or.*
9. *Chlorure de platine.*
10. *Nitrate de cobalt.*
11. *Sulfate d'alumine.*
12. *Chlorure de baryum.*
13. *Azotate de baryte.*
14. *Sulfate de chaux (solution saturée).*
15. *Sulfate de strontiane (solution saturée).*
16. *Sulfate de magnésie.*
17. *Oxalate d'ammoniaque.*
18. *Carbonate d'ammoniaque.*
19. *Azotate de potasse.*
20. *Carbonate de potasse.*
21. *Chromate de potasse.*
22. *Bichromate de potasse.*
23. *Sulfocyanure de potassium.*
24. *Iodure de potassium.*
25. *Sulfure de sodium.*
26. *Hyposulfite de soude.*
27. *Phosphate de soude.*
28. *Acétate de soude.*
29. *Bitartrate de soude.*
30. *Acide oxalique.*
31. *Acide tartrique.*
32. *Acide picrique (1).*
33. *Alcool.*
34. *Éther.*
35. *Sulfure de carbone.*
36. *Chloroforme.*
37. *Empois d'amidon qu'il faut renouveler fréquemment.*

A l'état solide :

Ferricyanure de potassium.
Permanganate de potasse.
Carbonate de potasse desséché.

(1) Les dissolutions de ces substances sont en général faites à 10 p. 100. Les substances qui ne se dissolvent pas dans l'eau dans cette proportion sont dissoutes à saturation.

Carbonate de soude desséché.
Borax desséché.
Sel de phosphore.
Oxyde puce de plomb.
Tournure de cuivre.
Lames de cuivre.
Lames de zinc.
Tiges de fer bien nettes (pointes).

Choix des réactifs.

Quand, pour caractériser et surtout pour isoler une substance, on a le choix entre plusieurs réactifs, il faut employer ceux dont on enlèvera facilement l'excès. Par conséquent, on prendra de préférence les réactifs volatils ou à leur défaut ceux qui peuvent entrer facilement en une combinaison insoluble.

Papiers réactifs.

On appelle ainsi des papiers imprégnés de différentes substances qui, par leur changement de coloration, permettent de reconnaître certains corps. Pour faire ces papiers on emploie du papier à filtrer blanc que l'on trempe dans les dissolutions colorantes, qu'on laisse sécher à l'air et qu'on découpe ensuite en bandelettes larges environ d'un centimètre et longues de plusieurs centimètres. Ces bandelettes sont enfermées dans des flacons à large goulot soigneusement bouchés. Les plus employés sont :

1° Le *papier de tournesol bleu*, obtenu avec le tournesol bleu du commerce. Ce papier sert à reconnaître les acides qui le rougissent.

2° Le *papier de tournesol rouge*, fait avec le tournesol bleu rougi par la plus petite quantité possible d'un acide. Ce papier bleuit en présence des bases.

3° Le *papier de curcuma*, fait avec la teinture de curcuma ; il brunit en présence des bases.

4° Le *papier à l'acétate de plomb*, obtenu en trempant le papier à filtre dans une disolution étendue d'acétate neutre de plomb. Ce papier noircit par l'hydrogène sulfuré.

5° *Papiers imprégnés* de *phtaléine*, de *galéine*, d'*héliantine*, d'*orangés divers*, obtenus avec différents dérivés des produits du goudron. Ces papiers changent de coloration par les acides et par les bases.

1.

Pour se servir de ces papiers il suffit de les toucher avec une trace du liquide à examiner. Pour reconnaître la nature des vapeurs, on expose ces papiers, préalablement humectés, à ces vapeurs.

Réactifs colorés.

On appelle ainsi les dissolutions dans l'eau des matières dont nous venons de parler à propos des papiers : *tournesol bleu*, *hélianthine*, *tropœolines*, *phtaléine*, etc. Ces dernières matières, non fermentescibles et présentant des caractères spéciaux, tendent à remplacer complètement le tournesol dans les laboratoires.

Eau distillée.

L'eau pure obtenue par la distillation dans un alambic en verre ou en cuivre, de l'eau ordinaire, est la seule qui doive être

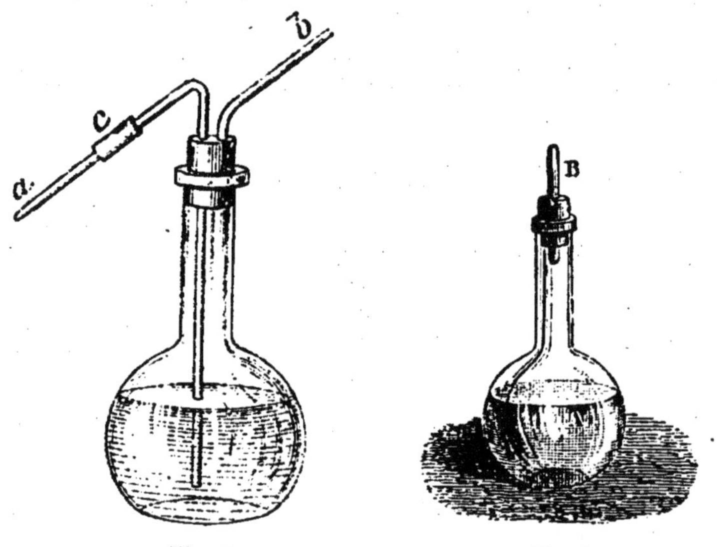

Fig. 2.   Fig. 3.

employée en analyse. Elle ne doit avoir aucune odeur, un goût simplement fade. Elle ne doit pas se troubler à l'ébullition; à l'évaporation, elle ne doit laisser aucun résidu et elle ne doit troubler aucune dissolution, sauf certaines dissolutions de sels de bismuth et d'antimoine.

Les récipients dont on se sert dans les laboratoires ayant été lavés à l'eau ordinaire, il est bon, avant de s'en servir pour l'analyse, de les rincer avec un peu d'eau distillée. L'eau distillée est enfermée dans des vases tels que ceux représentés par les figures 2 et 3, et qu'on désigne sous le nom de *pissettes*.

Pour faire écouler l'eau de la pissette (fig. 3) il suffit de la renverser. L'eau s'écoule jusqu'à ce que la pression de l'air emprisonné dans le matras, augmentée du poids de la colonne d'eau qui sépare la surface libre du liquide du plan passant par l'ouverture du tube, soit égale à la pression atmosphérique. On peut augmenter la vitesse du jet en insufflant de l'air dans le ballon préalablement incliné.

Pour faire écouler l'eau de la pissette (fig. 2), on souffle par le tube (*b*). La pression intérieure augmentant, l'eau s'élève dans le tube (*a*) et s'écoule par l'extrémité qui est effilée. En (*c*), se trouve un joint en caoutchouc, de façon que l'extrémité du tube (*a*) soit mobile et que le jet puisse être dirigé à volonté sans qu'on ait besoin de toucher au ballon.

Il y a un certain nombre d'autres modèles de pissettes dont on comprendra facilement le mécanisme à leur simple inspection.

Tubes à essai.

L'essai des matières à analyser se commence en général dans des éprouvettes en verre mince, appelées *tubes à essai*, telles que

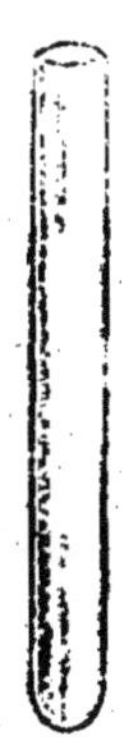

Fig. 4.

le montre la figure 4. Ce sont des tubes d'environ 1 à 2 centimètres de diamètre intérieur, et longs de 10 à 15 centimètres, fermés à l'une de leurs extrémités. Ces éprouvettes sont rangées dans des supports tels que celui représenté par la figure 5. Celles qui sont propres doivent être placées renversées. Quant à celles dont on a fait usage, il faut les ranger dans l'ordre où

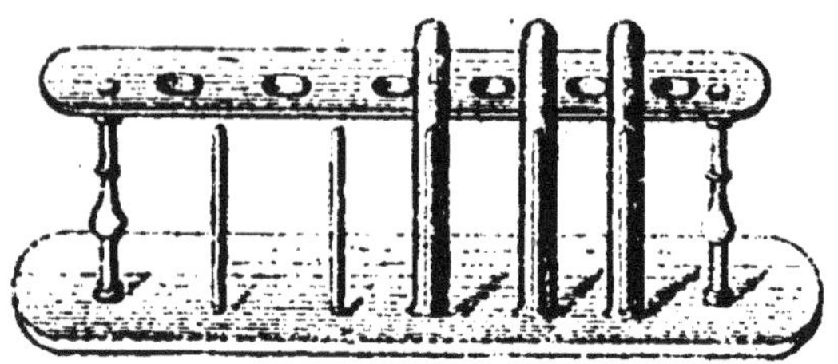

Fig. 5.

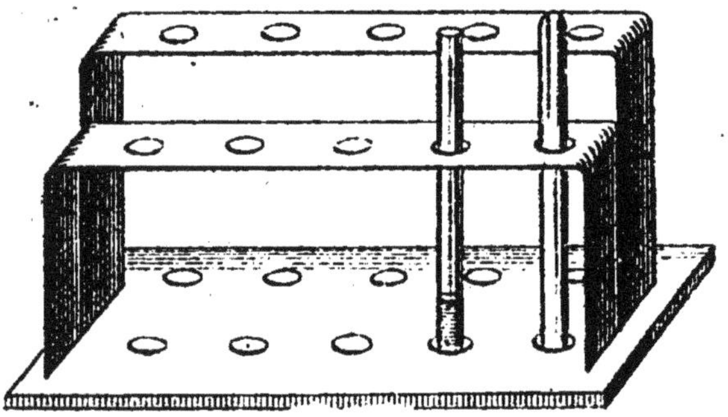

Fig. 5 *bis*.

elles ont servi pour faire les analyses. On indique sur chacune, au moyen d'une étiquette, les opérations qui y ont été faites, quand on craint de se fier à sa mémoire pour retrouver les opérations effectuées.

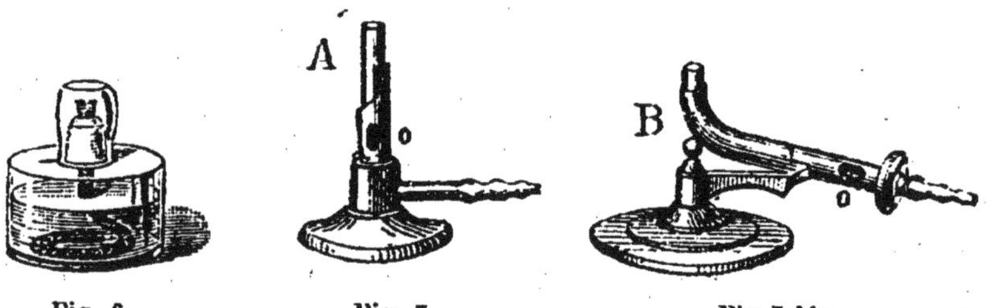

Fig. 6.   Fig. 7.   Fig. 7 *bis*.

Ces éprouvettes peuvent être chauffées sur une lampe à alcool (fig. 6) ou bien sur des becs de Bunsen (fig. 7). Il faut avoir soin, pour les chauffer, de les tenir au-dessus de la flamme. On peut les mettre dans la flamme à la condition de ne pas chauffer le fond et de les agiter légèrement. Il faut diriger l'ouverture de ces tubes loin de tout opérateur pour éviter les accidents dus à des projections de liqueurs. Comme les vapeurs qui se dégagent après que l'on a chauffé pendant quelque temps élèvent la tem-

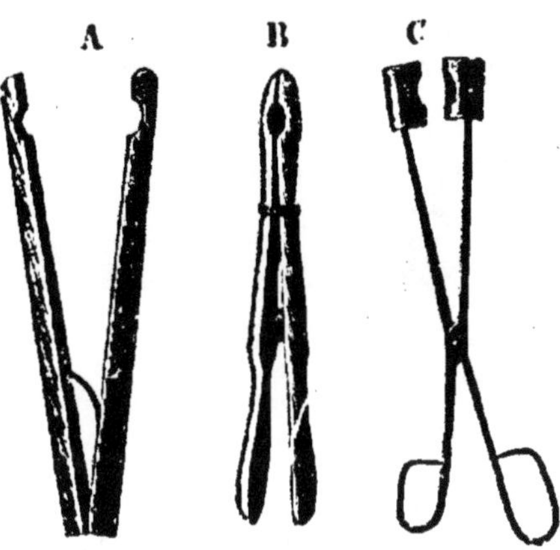

Fig. 8.

pérature de la partie supérieure, il faut tenir ces tubes avec des pinces en bois ou des pinces en fer dont les extrémités sont garnies de bouchons creusés à la partie interne (fig. 8). On peut aussi les tenir en les entourant d'une bandelette de papier dont on serre les extrémités entre les doigts.

Verres à expériences.

Quand on veut opérer sur une quantité un peu notable de liquide qui n'a pas besoin d'être chauffé, on se sert de verres, le

Fig. 9.

plus souvent de verres à pied (fig. 9). Il faut avoir soin d'étiqueter ces verres pour les reconnaître et retrouver le résultat d'opérations faites depuis quelque temps comme on fait pour les tubes à essai.

Matras. Ballons.

Quand il s'agit de chauffer une quantité un peu notable de liquide, on remplace le tube à essai par un tallon à fond rond (fig. 10), que l'on chauffe directement en le plaçant au-dessus du feu sur une toile métallique, ou bien des ballons à fond plat, dit *matras* (fig. 11), qu'il vaut mieux, à cause de leur facile rupture,

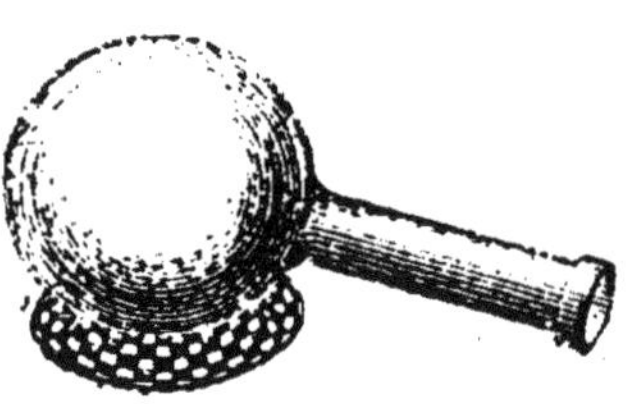

Fig. 10.   Fig. 11.

chauffer au *bain de sable*. On a facilement un bain de sable en mettant dans un plat en fer, du sable pas trop fin et mettant ce plat sur un fourneau. Les matras étiquetés sont mis sur ce sable, dans lequel on les enfonce un peu par une légère pression.

Capsules de porcelaine.

Souvent dans les opérations que l'on a à faire on étend de beaucoup d'eau les liqueurs, et pour rechercher dans ces dissolutions les matières qui y sont dissoutes on est obligé de concentrer ces liqueurs. On se sert pour cela de capsules de porce-

Fig. 12.

laine à fond rond ou à fond plat (fig. 12). Ces capsules doivent, pour que l'évaporation soit rapide, avoir la plus large ouverture possible. On les chauffe au bain de sable ou bien sur la flamme d'un bec de Bunsen, mais en ayant soin de les protéger par une toile métallique. Il faut éviter de produire l'ébullition afin d'empêcher les projections.

Entonnoirs et Filtres.

Pour séparer les précipités des liqueurs dans lesquelles ils sont en suspension, on se sert de *filtres* supportés par des *entonnoirs* en verre (fig. 13). Les filtres sont faits avec du papier non collé, de préférence du papier blanc. Les filtres qui servent aux analyses sont de forme très simple.

Pour les préparer, on prend un carré de papier de largeur un peu moindre que le double de la hauteur de l'entonnoir dont on veut se servir, et on le plie en deux comme l'indique la figure 14,

Fig. 13.

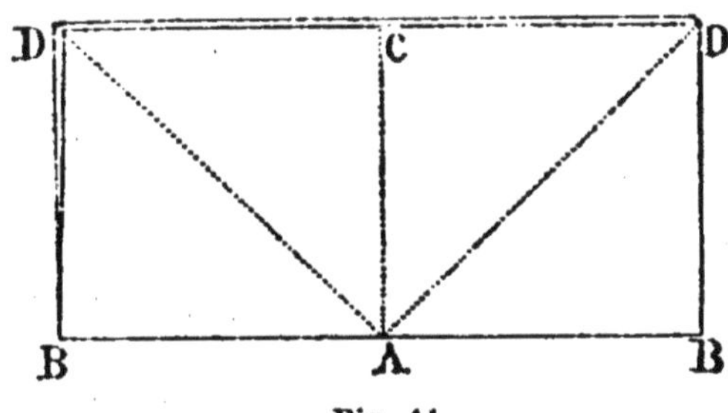

Fig. 14.

puis en quatre suivant la ligne AC. On remet le papier comme l'indique la figure 14 et l'on amène les lignes AB sur les lignes AC

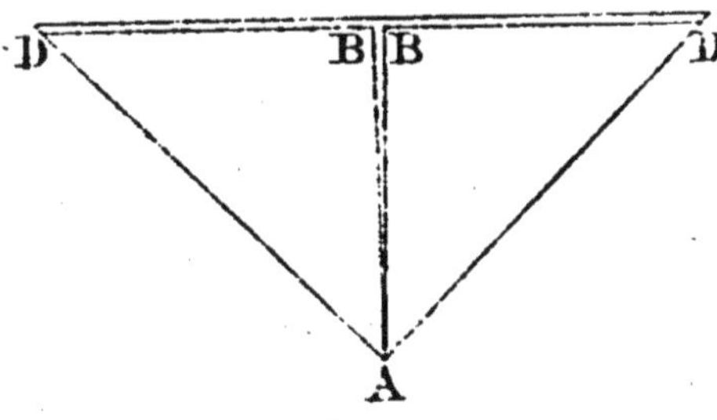

Fig. 15.

en faisant un pli suivant AD, et l'on obtient ainsi la figure 15. On a soin que les coins en A soient parfaitement faits et que les bords du papier se touchent. On détache ensuite avec des ciseaux la partie ombrée sur la figure 16, de façon que la portion qui reste

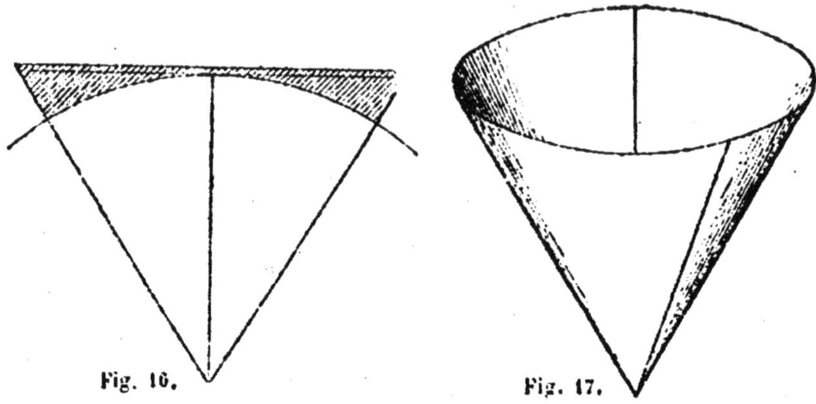

Fig. 16.   Fig. 17.

représente un secteur circulaire. On ouvre le filtre par son milieu de façon à avoir un cône (fig. 17) et on le laisse tomber dans

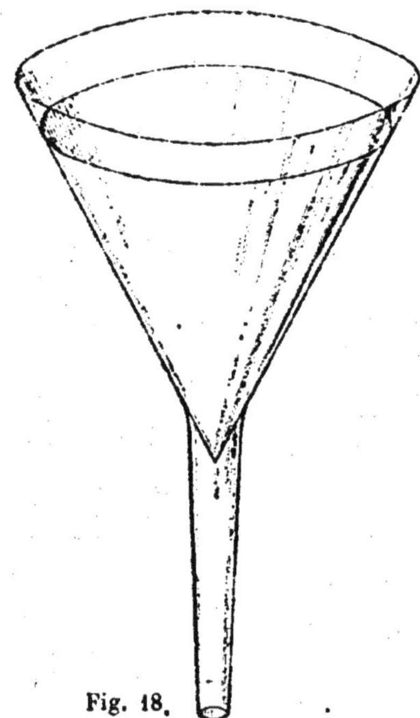

Fig. 18.

l'entonnoir en verre (fig. 18). Il faut que le filtre soit tout entier contenu dans l'entonnoir. Quand le filtre dépasse l'entonnoir ou même arrive jusqu'au bord, on ne peut pas le laver et ses bords supérieurs restent souillés du liquide.

Quand le filtre est en place on le mouille avec un peu d'eau distillée, et on l'applique exactement contre l'entonnoir, au moyen d'une baguette de verre (fig. 19).

Fig. 19.

Ces filtres présentent sur les filtres à plis l'inconvénient de laisser passer moins rapidement les liqueurs. On s'en sert cependant toujours en analyse, parce que, seuls, ils permettent de bien laver les précipités qui ne peuvent se mettre dans les plis. De plus, on peut ramasser avec l'eau de la pissette tout le précipité à la partie inférieure et alors l'extraire de là facilement.

Les entonnoirs sont placés sur des supports portant des anneaux tels que ceux de la figure 20. Au-dessous du col de

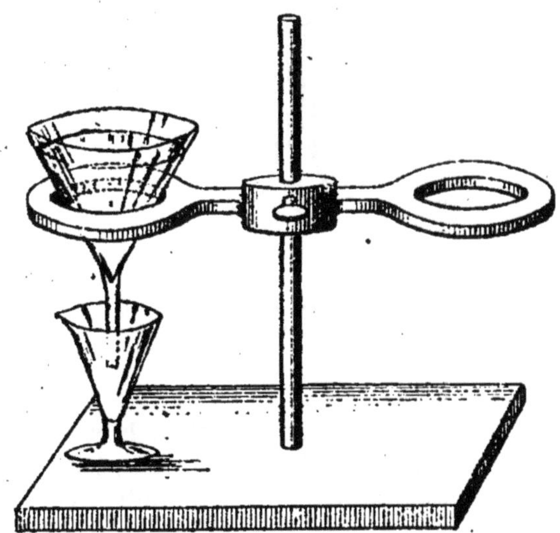

Fig. 20.

l'entonnoir, on place le récipient dans lequel on veut recueillir le liquide filtré. Quelquefois, quand on récueille le liquide dans un ballon à fond plat, on peut placer l'entonnoir sur ce ballon (fig. 21).

Pour faire tomber sur le filtre la matière contenue dans un récipient quelconque, il faut faire couler le liquide tenant cette matière en suspension le long d'une baguette de verre placée au-dessus du filtre, comme l'indique la figure 21. La baguette,

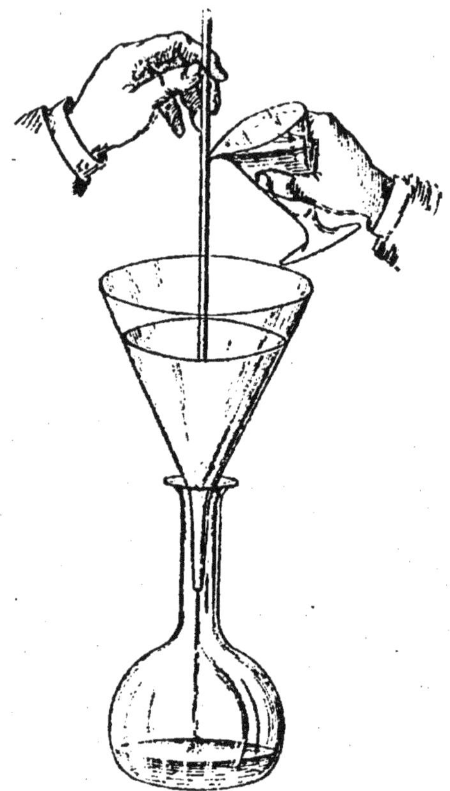

Fig. 21.

étant en contact avec le vase qui contient la substance à filtrer, conduit ce liquide jusque sur le filtre et l'empêche de se répandre le long du vase ou de tomber sur l'entonnoir à côté du filtre. De cette façon, aussi, on évite la projection des matières.

Quand on lave le précipité à l'eau, on fait tomber le liquide à l'aide d'une pissette sur les bords supérieurs du filtre (fig. 22), aux endroits où ne se trouve pas de précipité et on le répand sur tout le pourtour supérieur du filtre. On reconnaît, en général, qu'un précipité est bien lavé à ce fait qu'une petite partie du liquide qui passe, évaporée sur un verre de montre ou un fragment de ballon, ou encore sur une spatule ou une lame de platine, ne laisse pas de résidu sensible.

Fig. 22.

Le lavage du précipité fait comme nous l'avons dit, c'est-à-dire en versant de l'eau sur le filtre au-dessus, mais au voisinage du précipité, permet de ramasser ce précipité à la partie inférieure du filtre et facilite les opérations ultérieures.

Pour laver le précipité avec un liquide spécial autre que l'eau, on opère de même, seulement dans ce cas on verse ce liquide sur le filtre en remplaçant la pissette par un flacon ou un verre. Quand on a besoin de faire des lavages à l'eau chaude on se sert de la pissette figure 2, que l'on peut faire chauffer sur une toile métallique placée sur un fourneau à gaz.

Pour recueillir le précipité contenu sur le filtre, on emploie différents procédés.

Quand on a suffisamment de matière et que l'on ne veut opérer que sur une portion du précipité, on ramasse avec une baguette une portion de la matière contenue sur le filtre et on la porte

Fig. 23.   Fig. 24.

dans le récipient qui doit servir à faire les opérations ultérieures. Quand on a à sa disposition une petite spatule de platine (fig. 23), ou de porcelaine (fig. 24), il est plus commode de s'en servir pour

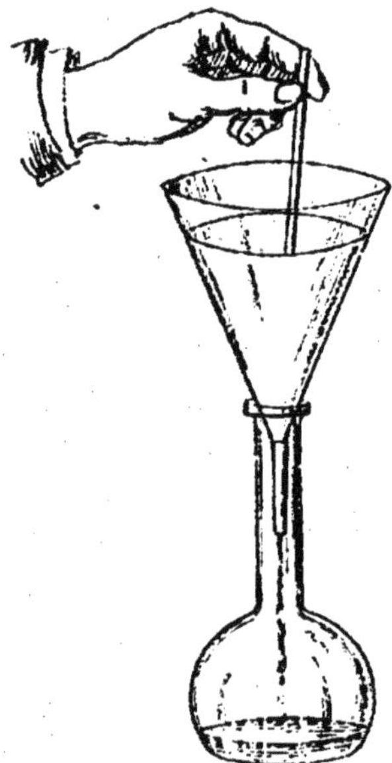

Fig. 25.

enlever du filtre la portion de matière que l'on veut employer.

Veut-on employer tout le précipité, on peut opérer de deux façons. On peut détacher délicatement de l'entonnoir le filtre, de façon à ne pas le déchirer, le mettre par sa pointe sur une plaque de verre et ensuite l'étendre sur cette plaque. Le précipité reste au centre et avec une baguette de verre ou une spatule de platine on le recueille et on le met dans le vase qui doit le contenir. D'autres fois, et c'est ce qu'il y a de plus rapide, on crève le filtre en son centre au moyen d'une baguette de verre (fig 25) et avec un jet d'eau on fait tomber le précipité dans le vase destiné à le recueillir. Quelquefois, dans cette opération, on a employé beaucoup d'eau. On laisse alors tomber le précipité au fond du vase, et l'on décante l'excédent de liquide. Dans cette opération, une portion du précipité est entraînée avec l'eau, il est vrai, mais cette portion est faible, et l'on conserve généralement encore assez de matière pour continuer les opérations ultérieures.

Lame de platine. — Il est très utile d'avoir à sa disposition, pour les recherches qualitatives, une lame de platine. Cette lame de platine servira à faire l'évaporation rapide de faibles quantités de liquide. Très conductrice de la chaleur, elle permet d'échauffer rapidement un liquide et de le volatiliser. Souvent elle remplace le creuset de platine : par exemple quand on a besoin de fondre ensemble certaines matières. On la replie alors de façon à former une espèce de demi-godet et on la chauffe au feu de Bunsen, de façon à fondre les substances qu'elle renferme. On peut souvent remplacer la lame de platine par un débris de capsule de porcelaine.

Fil de platine. — Un fil de platine est également très utile. Il sert à transporter les substances dont on veut connaître la coloration produite dans la flamme. Il sert également pour les essais au chalumeau qu'il peut être utile de faire.

RECHERCHE DES BASES MÉTALLIQUES.

CARACTÈRES GÉNÉRAUX DES DIFFÉRENTES BASES.
MANIÈRE D'OPÉRER POUR RECHERCHER UNE BASE.

Avant de commencer aucune espèce de recherches, il est important d'être familiarisé, par une étude préalable, avec les caractères principaux des différents corps qu'il s'agit d'examiner. Il faut, par cette étude préliminaire faite sur des matières connues, chercher à connaître les actions que les combinaisons des métaux ou des métalloïdes produisent sur les réactifs le plus souvent employés. Il faut surtout bien se graver dans la tête les réactions les plus caractéristiques, celles qui sont d'un usage facile, et qui ne permettent pas de confondre les corps les uns avec les autres. Il est important qu'au moment où l'on marche dans l'inconnu, les différents phénomènes qui se produisent puissent être rapportés à des choses connues.

Nous allons passer en revue les substances qui se présentent le plus souvent en analyse. Nous ne parlerons ici que des substances les plus communes, celles qui peuvent être mises entre les mains des débutants. Quant aux substances rares, nous ne croyons pas devoir nous en occuper dans le cadre très restreint de cet ouvrage. Elles sont le plus souvent étudiées seulement par des personnes ayant déjà une grande connaissance de la chimie. De plus, les réactions qu'elles présentent sont, la plupart du temps, assez complexes à saisir.

Nous nous bornerons aussi à indiquer pour chaque corps les réactions les plus nettes, celles dont l'emploi est le plus sûr et le plus facile.

Nous suivrons, autant que possible, dans l'exposé des différentes réactions l'ordre qui sera suivi pour faire les recherches des différentes substances. Nous indiquons par des astérisques les réactions qui sont caractéristiques pour chaque substance.

Nous supposerons, d'abord, que la matière à analyser est dissoute dans l'eau ou soluble dans l'eau. On prendra, dans un tube à essai, la plus faible quantité possible de dissolution, et on essaiera sur elle les différentes réactions qui seront indiquées. Chaque opération, qu'elle donne un résultat positif ou négatif, devra être notée soigneusement. Pour chaque essai positif ou négatif, il faudra mettre de côté l'éprouvette qui aura servi à le faire, de façon à la retrouver, si besoin en est. On fera successivement, dans des éprouvettes différentes, qui seront rangées dans leur support, par ordre d'opération, les différents essais que l'on aura à effectuer.

Quand on voudra examiner les précipités que l'on aura produits, on les retrouvera, et l'on pourra utiliser ces précipités pour les opérations ultérieures.

Si l'on a besoin d'opérer sur une assez grande quantité de matière, on fera l'opération dans des ballons à fond plat ou dans des v..ses à expérience, et on rangera encore ces récipients dans l'ordre des opérations.

Caractères des sels d'argent.

Les sels d'argent sont incolores quand l'acide qui est combiné avec l'oxyde d'argent est lui-même incolore. Le plus usuel est l'azotate d'argent. Les sels d'argent sont facilement réduits sous l'influence de la lumière, avec production de sous-sels d'argent noirs ou d'argent pulvérulent noir. Les matières organiques les réduisent également.

* *Action de l'eau.* Point d'action.

* *Acide chlorhydrique et chlorures solubles.* — Précipité blanc cailleboté de chlorure d'argent, tombant au fond du vase par l'agitation et l'élévation de la température, surtout dans un milieu acide. Il bleuit, puis noircit, sous l'influence de la lumière, par suite de la production de sous-chlorure d'argent. Ce précipité amorphe se dissout facilement dans l'ammoniaque. Cette dissolution donne, par évaporation lente, du chlorure d'argent cristallisé; les acides en précipitent du chlorure d'argent amorphe.

Il se dissout aussi dans l'hyposulfite de soude ; mais, quand on fait cette opération, il faut avoir soin de débarrasser d'abord le chlorure d'argent de la liqueur acide dans laquelle on le produit d'habitude : sans quoi l'hyposulfite est décomposé par cet acide, et la réaction est troublée par cette décomposition. L'acide chlorhydrique dissout aussi le chlorure d'argent, mais en faible quantité. Ce chlorure est précipité, par l'eau, de sa dissolution à l'état cristallin. Le chlorure d'argent est réduit par le zinc. On aura l'argent métallique, quand on mettra le chlorure d'argent humide en présence du zinc surtout en liqueur légèrement acide.

Hydrogène sulfuré. Précipité noir de sulfure d'argent, décomposable par l'acide azotique.

Sulfures alcalins. Précipité noir de sulfure d'argent, insoluble dans un excès de réactif.

Chromates de potasse. Précipité rouge foncé de chromate d'argent, peu soluble dans l'eau, mais soluble dans l'ammoniaque et dans l'acide azotique.

* *Phosphates ordinaires.* Précipité jaune de phosphate tribasique d'argent, soluble dans l'ammoniaque et dans l'acide azotique étendu.

Potasse et soude. Précipité brun d'oxyde d'argent.

Ammoniaque. En petite quantité, précipité brun d'oxyde d'argent, précipité soluble dans un excès de réactif.

Zinc, fer, cuivre. Précipité gris ou noirâtre d'argent métallique souvent cristallisé. Ce dépôt d'argent, par le frottement, prend l'éclat métallique.

Mercure. Précipitation d'argent métallique, puis amalgamation de ce corps, et production de beaux cristaux d'amalgame d'argent s'attachant les uns aux autres, et produisant une sorte de végétation connue sous le nom d'arbre de Diane.

Caractères des sels de plomb.

La plupart des sels de plomb sont peu solubles dans l'eau ; tels sont le sulfate, le phosphate, le carbonate, le chromate de plomb. L'azotate et les acétates de plomb sont solubles dans l'eau. Les sels de plomb sont en général incolores, quand l'acide qu'ils renferment est lui-même incolore. Ils sont vénéneux. Ils ont une saveur d'abord sucrée, puis styptique.

Eau. Ne donne pas de précipité.

* *Acide chlorhydrique.* Précipité blanc cristallin de chlorure de plomb, peu soluble dans l'eau froide, soluble dans l'eau chaude, d'où il se dépose, par refroidissement, sous forme de lamelles blanches cristallines. Avec des liqueurs étendues, il ne se produit pas de précipité, le chlorure de plomb restant dissout dans la liqueur.

Il résulte de là que l'on ne peut, avec l'acide chlorhydrique, précipiter tout le plomb de la dissolution d'un sel de plomb.

* *Acide sulfhydrique.* Quand on a une liqueur fortement acidulée par l'acide chlorhydrique, il se produit, par l'addition d'une faible quantité d'hydrogène sulfuré, un précipité rouge, puis rouge brun, d'oxysulfure de plomb. Ce précipité, par l'addition d'un excès d'hydrogène sulfuré, se convertit en sulfure de plomb noir.

Le sulfure de plomb ainsi produit est insoluble dans le sulfhydrate d'ammoniaque.

Il est décomposé par l'acide chlorhydrique, l'acide azotique, etc., à l'ébullition. Il se produit des sels de plomb plus ou moins solubles dans l'eau. L'hydrogène sulfuré permet de séparer complètement le plomb des dissolutions qui le contiennent.

Sulfures alcalins. Précipité noir de sulfure de plomb, insoluble dans un excès de réactif.

* *Iodure de potassium.* Précipité jaune d'iodure de plomb, peu soluble à froid, plus soluble à chaud. La dissolution saturée, à chaud, de cet iodure laisse déposer, par refroidissement, de magnifiques lamelles jaunes d'or d'iodure de plomb.

* *Chromate de potasse.* — Précipité jaune de chromate de plomb, peu soluble, à chaud et à froid, dans l'eau ; soluble dans les acides.

* *Acide sulfurique et sulfates solubles.* Précipité blanc de sulfate de plomb, insoluble dans un excès de réactif. Ce précipité, mis en suspension dans l'eau, se transforme par l'hydrogène sulfuré en sulfure de plomb noir, et ce sulfure peut être attaqué par l'acide chlorhydrique ou par l'acide azotique.

Potasse et soude Précipité blanc d'hydrate d'oxyde de plomb, soluble dans un excès de réactif.

Ammoniaque. Même précipité, insoluble dans un excès de réactif.

PARMENTIER   2

Fer, zinc. Dépôt de plomb métallique, sous la forme de lamelles cristallines brillantes, molles au toucher.

Sels de mercure.

1° *Sels de sous-oxyde de mercure* (Hg^2O).

Ces sels, quand ils sont neutres, sont incolores; quand ils sont basiques, ils sont souvent jaunâtres.

Eau. L'eau décompose les sels neutres avec production d'un sel basique peu soluble.

* *Acide chlorhydrique et chlorures solubles.* Précipité blanc de sous-chlorure de mercure (*calomel*), insoluble dans l'eau. Ce précipité doit être lavé à froid quand on se trouve en présence d'acide azotique ou de corps oxydants pour qu'il ne se produise pas, sous l'influence de l'eau régale, du chlorure de mercure (*sublimé corrosif*) soluble.

Ce précipité blanc est insoluble dans l'eau; aussi peut-on séparer par l'acide chlorhydrique le mercure à son minimum d'oxydation des liqueurs qui le contiennent.

L'ammoniaque ne dissout pas ce précipité, mais elle le transforme en une matière noire et insoluble.

Acide sulfhydrique. Précipité noir de sulfure insoluble dans le sulfhydrate d'ammoniaque.

Sulfures alcalins. Précipité noir de sulfure de mercure insoluble dans un excès de réactif.

* *Potasse, soude, ammoniaque.* Précipité noir insoluble dans un excès de réactif.

Iodure de potassium. Précipité jaune verdâtre de couleur sale de sous-iodure de mercure. Ce précipité, chauffé avec un excès de réactif, abandonne du mercure métallique très divisé et noir, pendant qu'il se forme de l'iodure de mercure qui reste dissout dans l'excès d'iodure de potassium.

Zinc. Il se produit de l'amalgame de zinc de couleur noirâtre, mais devenant brillant par le frottement, et le métal devient cassant.

* *Cuivre.* Se colore en noir; par le frottement, la portion noircie devient brillante. Quand on chauffe la lame de cuivre amalgamée, le mercure se volatilise complètement et le cuivre redevient rouge par le frottement.

2° *Sels d'oxyde de mercure* (HgO).

Eau. Il se produit quelquefois, par l'eau, un dédoublement des sels quand ils sont neutres, et il y a production d'un précipité de sel basique jaunâtre.

Acide chlorhydrique et chlorures solubles. **Rien.**

* *Acide sulfhydrique.* **Ce réactif, ajouté en petite quantité, donne avec ces sels un précipité d'abord blanc sale, puis jaune rougeâtre d'oxysulfure. Après avoir passé par diverses teintes, ce précipité devient finalement noir, en présence d'un excès d'hydrogène sulfuré, et est formé de sulfure de mercure. Il n'est pas soluble dans les sulfures alcalins. L'eau régale décompose ce sulfure.**

Sulfures alcalins. **Précipité noir de sulfure de mercure insoluble dans un excès de réactif.**

* *Potasse et soude.* **Précipité jaune d'oxyde de mercure, quand l'alcali est en excès; avec peu de réactif il se forme un précipité rouge brun de couleur plus ou moins foncée qui est un sous-sel de mercure.**

Ammoniaque. **Précipité blanc d'oxyde ammoniaco-mercurique soluble seulement dans un grand excès de réactif.**

* *Iodure de potassium.* **Précipité d'abord jaune pâle se dissolvant au fur et à mesure de sa production, puis, précipité d'iodure de mercure rouge éclatant. Ce précipité est très soluble dans un excès de réactif; aussi faut-il n'employer l'iodure de potassium, pour constater la présence des sels de mercure, qu'avec la plus grande circonspection et l'ajouter lentement aux liqueurs. L'iodure de mercure est soluble dans un excès de sel de mercure et dans un excès d'iodure de potassium.**

* *Cuivre.* **Dépôt gris noirâtre de mercure s'alliant au cuivre et production d'une tache qui devient brillante par le frottement et qui disparaît par une élévation de température.**

Zinc. **Production d'amalgame de zinc.**

* **Les sels de mercure, à l'état solide, pulvérisés avec un peu de carbonate de soude ou de potasse, et chauffés dans un tube de verre, donnent naissance à du mercure métallique qui vient se condenser sur les parties froides du tube.**

Caractères des sels d'étain.

L'étain se trouve à l'état de protoxyde et à l'état de bioxyde dans les dissolutions salines.

Sels à protoxyde d'étain (SnO).

Eau, acide chlorhydrique. Rien.

* *Hydrogène sulfuré.* Précipité brun foncé de protosulfure d'étain, insoluble dans le sulfhydrate d'ammoniaque neutre, soluble dans le sulfhydrate d'ammoniaque contenant un excès de soufre (1); il se dissout aussi dans la potasse. L'acide chlorhydrique concentré décompose ce sulfure.

* *Sulfhydrate d'ammoniaque.* Précipité brun de protosulfure d'étain se dissolvant dans un excès de réactif quand le sulfhydrate contient un excès de soufre (1).

* *Potasse, soude.* Précipité blanc d'hydrate de protoxyde d'étain soluble dans un excès de réactif, et précipité, de cette dissolution, par l'ébullition, à l'état d'oxyde anhydre noirâtre.

* *Ammoniaque.* Même précipité, seulement insoluble dans un excès de réactif. L'ébullition produit la transformation de cet hydrate d'oxyde en oxyde anhydre brun olive.

* *Bichlorure de mercure.* Production d'un précipité blanc de protochlorure de mercure par suite de la transformation du sel de protoxyde d'étain en sel de bioxyde aux dépens du chlore du sel de mercure; avec un excès de sel de protoxyde d'étain, il se produit, au bout de quelque temps, du mercure métallique qui se réunit en globules.

Chlorure d'or. Précipité de *pourpre de Cassius*, quand on ajoute à la liqueur une trace d'acide azotique qui transforme une portion du sel de protoxyde d'étain en sel de bioxyde. Avec une trace de sel de bioxyde d'étain, production du même précipité.

Zinc. Production d'étain métallique, le plus souvent cristallisé; le métal ainsi déposé, chauffé à l'air, donne de l'acide stannique non volatil.

---

(1) Le protosulfure d'étain, dans ce cas, est transformé en bisulfure. Si, en effet, on traite par un acide cette dissolution, on en précipite du bisulfure d'étain jaune.

Sels de bioxyde d'étain (SnO^2).

On ne connaît guère que les combinaisons chlorées, bromées, iodées de ce corps et ses combinaisons avec les bases.

Eau, acide chlorhydrique. Rien, sauf avec les combinaisons de l'acide stannique avec les alcalis. Dans ce cas production d'un précipité soluble dans un excès d'acide.

* *Hydrogène sulfuré.* Précipité jaune de bisulfure d'étain *toujours très lent à se former,* même en liqueur acide. Il faut, pour précipiter complètement l'étain, opérer la réaction à chaud après saturation de la liqueur par l'hydrogène sulfuré. On fait passer de nouveau un courant d'hydrogène sulfuré dans la dissolution, quand la réaction a cessé. La précipitation totale est toujours très longue.

Le bisulfure d'étain est soluble dans le sulfhydrate d'ammoniaque. Il se dissout aussi dans la potasse, plus difficilement dans l'ammoniaque. Il est décomposé par l'acide chlorhydrique à chaud. Quand on le calcine à l'air, il donne du bioxyde d'étain non volatil avec dégagement d'acide sulfureux.

Sulfhydrate d'ammoniaque. Précipité jaune de bisulfure d'étain soluble dans un excès de réactif.

Potasse, soude. Précipité d'acide stannique soluble dans un excès de réactif avec production de stannate alcalin, sauf quand l'étain est déjà à l'état de stannate.

Ammoniaque. Même précipité blanc, soluble seulement dans un grand excès de réactif.

Chlorure d'or. Rien quand le sel ne contient pas de sel de protoxyde d'étain; sinon, production de pourpre de Cassius.

Zinc. Précipité d'étain qui, grillé, laisse de l'acide stannique fixe.

Caractères des sels d'antimoine.

Ces sels contiennent l'antimoine à deux états d'oxydation : à l'état de trioxyde ($SbO^3 = Sb^2O^3$) et à l'état de pentoxyde ($SbO^5 = Sb^2O^5$).

Sels contenant l'antimoine à l'état de trioxyde ($SbO^3 = Sb^2O^3$).

* *Eau.* L'eau décompose ces sels; il y a formation d'un sel basique et mise en liberté de l'acide jusqu'à ce que le poids de

l'acide contenu dans la dissolution ait acquis une certaine valeur.

Acide chlorhydrique. Rien quand il ne se trouve pas en solution trop étendue de façon à agir par l'eau auquel il se trouve mêlé ; avec les antimonites, précipité se dissolvant dans un excès d'acide.

* *Hydrogène sulfuré.* Précipité rouge orangé de trisulfure d'antimoine, à moins que la liqueur ne soit trop étendue, auquel cas il ne se produirait qu'une coloration. Le trisulfure d'antimoine est soluble dans les sulfures alcalins. Il est décomposé par l'acide chlorhydrique concentré et chaud. Grillé à l'air, il donne de l'acide sulfureux et de l'acide antimonieux volatil.

* *Sulfhydrate d'ammoniaque.* Précipité rouge orangé, soluble dans un excès de réactif.

Potasse, soude. Précipité blanc d'acide antimonieux hydraté, soluble dans un grand excès de réactif, sauf avec les antimonites.

Ammoniaque. Précipité blanc, insoluble dans un excès de réactif.

* *Zinc.* Dépôt cristallin d'antimoine métallique; chauffé à l'air, l'antimoine est oxydé et donne de l'acide antimonieux volatil. Avec les liqueurs acides, il y a dégagement d'hydrogène antimonié, que l'on reconnaît en se servant de l'appareil de Marsh.

Nitrate d'argent. Dépôt d'argent métallique à la longue.

Permanganate de potasse. Décoloration par suite de l'oxydation du composé $SbO^3 = Sb^2O^3$.

Chlorure d'or. Production d'or métallique.

Sels contenant l'antimoine à l'état de pentoxyde $(SbO^5 = Sb^2O^5)$.

Eau. Rien.

Acide chlorhydrique. Si la dissolution est un antimoniate, il y a production d'un précipité d'acide antimonique soluble dans un excès de réactif. Si l'antimoine est combiné avec un acide, il ne se produit aucun précipité avec l'acide chlorhydrique.

* *Hydrogène sulfuré.* Précipité rouge orangé de pentasulfure d'antimoine qui, par l'ébullition avec l'eau, est décomposé en soufre et en trisulfure. L'acide chlorhydrique bouillant décompose ce sulfure. Il se dissout dans les sulfures alcalins.

* *Sulfhydrate d'ammoniaque.* Même précipité de sulfure soluble dans un excès de réactif avec production d'un sulfosel.

Potasse, soude. Précipité blanc d'acide antimonique soluble dans un excès de réactif avec formation d'un antimoniate quand on a affaire à une solution acide. Rien avec les antimoniates.

Nitrate d'argent. Précipité gris d'antimoniate et d'oxyde d'argent soluble dans les acides et dans l'ammoniaque.

Permanganate de potasse. Aucune action.

Chlorure d'or. Aucune action.

Zinc métallique. Dépôt d'antimoine métallique entièrement volatil quand on le chauffe à l'air. Dégagement d'hydrogène antimonié en présence des acides; on peut en constater ce caractère avec l'appareil de Marsh.

Caractéres des composés arsénicaux.

On trouve l'arsenic à deux degrés d'oxydation : à l'état de trioxyde ou acide arsénieux ($AsO^3 = As^2O^3$) et à l'état de pentoxyde ($AzO^5 = As^2O^5$) ou acide arsénique.

Sels contenant l'arsenic à l'état de $AsO = As^2O^3$.

Eau. Rien.

Acide chlorhydrique. Avec des liqueurs concentrées, précipitation d'acide arsénieux soluble dans un excès d'acide ou dans beaucoup d'eau, quand on a affaire à des arsénites, sinon rien.

Hydrogène sulfuré. Quand la dissolution est neutre il n'y a pas d'action sensible; avec une dissolution acide il y a précipitation instantanée de trisulfure d'arsenic jaune clair. Le trisulfure se dissout dans les alcalis et dans les sulfures alcalins. Il n'est pas attaqué par l'acide chlorhydrique. Pour le décomposer on se sert de l'eau régale.

Sulfhydrate d'ammoniaque. Production d'un précipité jaune de sulfure soluble dans un excès de réactif avec formation d'un sulfosel.

Azotate d'argent. Précipité jaune d'arsénite d'argent, soluble dans l'ammoniaque, l'acide azotique et l'acide acétique.

Sulfate de cuivre. Précipité vert plus ou moins clair d'arsénite de cuivre (vert de Scheele), soluble dans l'ammoniaque et dans la potasse.

Zinc. Dépôt d'arsenic métallique, entièrement volatil quand on le calcine. Cet arsenic, projeté sur un charbon rouge, donne des fumées et il se produit une odeur alliacée caractéristique. En présence d'un excès d'acide et du zinc, il y a production d'hydrogène arsénié, reconnaissable avec l'appareil de Marsh.

Sels contenant l'arsenic à l'état de $AsO^5 = As^2O^5$.

Eau. Rien.

Acide chlorhydrique. Rien.

* *Hydrogène sulfuré.* Précipité jaune clair de sulfure d'arsenic, très lent à se former et se produisant surtout à chaud en présence des acides. Il faut toujours beaucoup de temps pour précipiter complètement l'arsenic, par l'hydrogène sulfuré, quand il est à l'état d'acide arsénique. Ce sulfure est dissout par les sulfures alcalins avec production d'un sulfosel soluble. L'acide chlorhydrique ne le décompose pas. Pour le détruire on emploie l'eau régale. Il se dissout dans l'ammoniaque.

* *Sulfhydrate d'ammoniaque.* Précipité jaune de sulfure, se dissolvant dans un excès de réactif.

* *Azotate d'argent.* Précipité rouge brique d'arséniate d'argent dans une liqueur neutre. Ce précipité se dissout dans les acides et dans l'ammoniaque.

Sulfate de cuivre. Précipité verdâtre d'arséniate de cuivre.

* *Molybdate d'ammoniaque.* En présence des acides il se produit à chaud, mais en général lentement, un précipité jaune d'arséniomolybdate d'ammoniaque qui se dissout facilement dans l'ammoniaque.

* *Zinc.* Précipité d'arsenic métallique, comme pour les combinaisons contenant de l'acide arsénieux.

Caractéres des sels d'or.

Les sels d'or se trouvent rarement en analyse. Le chlorure d'or est employé surtout comme réactif.

Eau. Rien.

Acide chlorhydrique. Rien.

* *Hydrogène sulfuré.* Précipité noir brunâtre de sulfure d'or soluble dans le sulfhydrate d'ammoniaque, et production d'un sulfosel d'or. Ce sulfure n'est pas attaqué par l'acide chlorhydrique. L'acide azotique donne, avec lui, de l'or métallique qui se dissout dans l'eau régale.

Sulfhydrate d'ammoniaque. Précipité de sulfure d'or, soluble dans un excès de réactif.

Potasse, soude. Précipité brun noirâtre d'oxyde d'or, soluble dans un excès de réactif.

* *Ammoniaque.* Précipité jaune rougeâtre d'or fulminant insoluble dans un excès de réactif.

* *Acide oxalique.* Réduction des sels d'or, surtout à chaud, avec dépôt d'or métallique, sous la forme d'une poudre brune et dégagement d'acide carbonique.

* *Sulfate de protoxyde de fer.* Dépôt d'or métallique et formation d'un sel de sesquioxyde de fer.

* *Mélange de protochlorure* et de *bichlorure d'étain.* Précipité de pourpre de Cassius rouge presque noir, avec les liqueurs concentrées. Dans les liqueurs étendues, il y a production d'une coloration brun violacé due à la formation du même pourpre.

* *Zinc.* Précipité d'or métallique devenant brillant par le frottement.

Caractères des sels de cadmium.

Les sels de cadmium sont, en général, incolores.

Eau. Aucune action.

Acide chlorhydrique. Aucune action.

* *Hydrogène sulfuré.* Précipité jaune de sulfure de cadmium, insoluble dans le sulfhydrate d'ammoniaque. Ce sulfure est décomposé par l'acide azotique.

* *Sulfhydrate d'ammoniaque.* Même précipité jaune, ne se dissolvant pas dans un excès de réactif.

Potasse, soude. Précipité blanc d'oxyde de cadmium hydraté, insoluble dans un excès de réactif.

* *Ammoniaque.* Précipité blanc d'oxyde, soluble dans un excès de réactif.

Zinc. Précipité de cadmium métallique sous la forme de lamelles brillantes. Ce métal, chauffé au contact de l'air, se convertit en oxyde anhydre jaune brun plus ou moins foncé, suivant la température à laquelle on opère.

Caractères des sels de platine.

Eau, acide chlorhydrique. Aucune action.

* *Hydrogène sulfuré.* Coloration brune, puis précipité plus

ou moins noir de sulfure de platine, très peu soluble dans le sulfhydrate d'ammoniaque. L'acide chlorhydrique n'agit pas sur ce sulfure. L'acide azotique le décompose.

* *Sulfhydrate d'ammoniaque*. Précipité du même sulfure, peu soluble dans un excès de réactif.

* *Chlorure de potassium* ou *chlorhydrate d'ammoniaque*. Précipité cristallin de chlorure double de ces alcalis et de platine, peu soluble à froid dans l'eau, plus soluble à chaud, insoluble dans un mélange d'alcool et d'éther.

* *Sulfate de protoxyde de fer*. Précipité, à chaud, de platine métallique sous la forme d'une poudre noirâtre très ténue, soluble dans l'eau régale.

* *Zinc*. Précipitation de platine métallique, soluble dans l'eau régale.

Caractères des sels de cuivre.

1° *Sels de sous-oxyde de cuivre* (Cu^2O).

Ces sels se trouvent assez rarement parmi les substances à essayer par la voie humide. Ils s'oxydent rapidement à l'air.

Eau, acide chlorhydrique. Rien.

Hydrogène sulfuré. Précipité noir de sulfure de cuivre, peu soluble dans le sulfhydrate d'ammoniaque; il est décomposé par l'acide azotique avec production d'acide sulfurique et d'un sel d'oxyde de cuivre.

Sulfhydrate d'ammoniaque. Précipité de sulfure de cuivre, peu soluble dans un excès de réactif.

* *Potasse, soude*. Ces réactifs, même en excès, donnent un précipité jaune orangé de sous-oxyde de cuivre.

* *Ammoniaque*. Même précipité, qui se dissout dans un excès de réactif. La liqueur reste incolore en l'absence de l'oxygène; au contact de l'air, elle se colore rapidement en bleu et il y a fonction de la liqueur bleu céleste (oxyde de cuivre dissout dans l'ammoniaque).

Zinc. Précipité de cuivre métallique divisé souvent de couleur noirâtre.

* *Fer*. Se recouvre d'une couche de cuivre métallique brillante, de couleur rouge.

2° *Sels d'oxyde de cuivre* (CuO).

Les sels de cuivre, quand ils sont anhydres, sont blancs et quelquefois bruns; hydratés ou en dissolution, ils sont bleus ou verts.

Eau, acide chlorhydrique. Pas de précipité. L'acide chlorhydrique fait souvent verdir les solutions bleues.

Hydrogène sulfuré. Précipité noir de sulfure de cuivre, peu soluble dans le sulfhydrate d'ammoniaque. Ce sulfure est décomposé par l'acide azotique, mais non par l'acide chlorhydrique.

* *Sulfhydrate d'ammoniaque.* Même précipité noir avec des liqueurs moyennement concentrées. Avec des liqueurs très étendues il ne se produit rien à cause de la solubilité, qui est appréciable, du sulfure de cuivre dans le sulfhydrate d'ammoniaque.

* *Potasse, soude.* Précipité volumineux et gélatineux d'hydrate d'oxyde de cuivre bleu. Cet hydrate ne se dissout pas dans un excès de réactif. Bouilli avec de l'eau, il se déshydrate et devient brun noirâtre et pulvérulent, sauf des cas très rares.

* *Ammoniaque.* En petite quantité, précipité du même hydrate. Avec un excès d'ammoniaque, l'hydrate d'abord produit, se redissout et il y a production d'un liquide bleu intense désigné sous le nom de liqueur bleu céleste. Avec l'ammoniaque, on peut déceler des quantités très faibles de cuivre contenu dans une dissolution.

* *Cyanure jaune de potassium.* Précipité rouge mauve de ferrocyanure de cuivre, insoluble dans un excès de réactif et dans les acides étendus. Avec une liqueur très étendue d'un sel de cuivre il se produit une coloration brun rougeâtre. Ce réactif est excessivement sensible.

* *Zinc.* Précipité de cuivre métallique, sous la forme d'une poudre noirâtre.

* *Fer.* Dépôt de cuivre métallique, sous la forme d'une couche rouge très brillante.

* *Flamme.* Les sels de cuivre introduits dans une flamme incolore produisent une coloration verte très intense.

Caractères des sels de bismuth.

Ces sels sont en général incolores.

* *Eau.* Elle produit un sous-sel insoluble quand on est en présence de sels neutres dissous dans peu d'acide.

* *Acide chlorhydrique.* En petite quantité, facilite la production des sous-sels. Beaucoup d'acide dissout le précipité formé.

* *Hydrogène sulfuré.* Précipité noir de sulfure de bismuth qui, jeté sur un filtre ou flottant à la surface d'un liquide, a un aspect châtoyant. Il ne se dissout pas dans les sulfures alcalins ; il est attaqué par l'acide chlorhydrique et par l'acide azotique.

* *Sulfhydrate d'ammoniaque.* Précipité noir de sulfure peu soluble dans un excès de réactif.

* *Potasse; soude; ammoniaque.* Précipité blanc d'hydrate d'oxyde de bismuth, insoluble dans un excès de réactif.

* *Zinc.* Précipité noir spongieux de bismuth métallique.

Caractères des sels d'aluminium.

Les sels d'alumine sont, en général, incolores. Ils ont une saveur douce, puis astringente.

Eau, acide chlorhydrique, hydrogène sulfuré. Aucune action avec les dissolutions neutres.

* *Sulfhydrate d'ammoniaque.* Précipité blanc d'alumine hydratée gélatineuse, avec dégagement d'hydrogène sulfuré qui est déplacé par l'acide combiné à l'alumine. Quand les liqueurs sont étendues, l'hydrogène sulfuré mis en liberté reste en dissolution dans l'eau. Cette alumine se dissout facilement dans les acides, dans la potasse et dans la soude.

* *Ammoniaque.* Précipité blanc du même corps, peu soluble dans un excès de réactif, presque insoluble quand il se trouve en présence de sels ammoniacaux.

* *Potasse, soude.* Même précipité, mais soluble dans un excès de réactif avec production d'un aluminate alcalin, qui est stable à chaud et à froid.

* *Sulfate de potasse* ou *d'ammoniaque.* Avec des liqueurs concentrées, précipité d'alun sous forme de petits cristaux très nets et très brillants.

Caractères des sels de chrôme.

Le chrome se trouve uni aux acides, rarement à l'état de protoxyde, le plus souvent à l'état de sesquioxyde.

1° *Sels de protoxyde de chrome.*

Ces sels sont peu stables ; ils s'oxydent facilement et passent à l'état de sels de sesquioxyde.

Eau, acide chlorhydrique, hydrogène sulfuré. Pas d'action.

* *Sulfures alcalins.* Précipité noir de protosulfure de chrome, insoluble dans un excès de réactif.

* *Potasse, soude.* Précipité jaune d'hydrate de protoxyde de chrome, en l'absence d'oxygène ; à l'air, il se produit rapidement un précipité d'oxyde salin brun.

* *Permanganate de potasse.* Décoloration, par suite de la transformation du sel de protoxyde de chrome en sel de sesquioxyde.

* *Chlorure d'or.* Dépôt d'or métallique.

Ces sels sont des réducteurs énergiques, et agissent comme tels sur les substances pouvant être ramenées à un degré inférieur d'oxydation ou à l'état métallique.

Sels de sesquioxyde de chrome.

Ces sels se présentent à deux états : à l'état de sels violets ou gris cristallisables, et à l'état de sels verts, qui ne cristallisent pas. Les sels violets peuvent être transformés en sels verts par une élévation de température ; les sels verts se transforment, à la longue, en sels violets, quand on les abandonne à eux-mêmes, à une température peu élevée.

Eau, acide chlorhydrique, hydrogène sulfuré. Pas d'action.

* *Sulfhydrate d'ammoniaque.* Précipité vert gris ou bleu gris d'hydrate de sesquioxyde de chrome, insoluble dans un excès de réactif. Il y a, dans cette réaction, mise en liberté d'hydrogène sulfuré, qui se dégage avec des liqueurs concentrées, et qui reste en dissolution quand les liqueurs sont étendues.

* *Ammoniaque.* Avec les sels verts, précipitation d'hydrate de sesquioxyde insoluble dans un excès de réactif. Les sels violets donnent avec l'ammoniaque un précipité qui se redissout dans

un excès de réactif; à l'ébullition, ce dernier hydrate de sesquioxyde est précipité, par suite de la transformation de la modification violette en modification verte.

* *Potasse, soude.* Précipité d'hydrate de sesquioxyde de
chrome, soluble, à froid, dans un excès de réactif. A l'ébullition,
le sesquioxyde de chrome se précipite.

* *Carbonates alcalins.* Les sels de sesquioxyde de chrome,
fondus sur une lame de platine avec les azotates et même, à l'air,
avec les carbonates alcalins, donnent naissance à des chromates
jaunes, solubles dans l'eau. Il y a oxydation de l'oxyde de chrome,
formation d'acide chromique, qui se combine avec l'alcali. Cette
oxydation a lieu aux dépens de l'acide azotique, quand on emploie
des azotates. Dans le cas des carbonates, l'oxygène est emprunté
à l'air, et l'acide carbonique est chassé.

Caractères des sels de fer.

Ces sels renferment le fer à l'état de protoxyde et à l'état de
sesquioxyde de fer.

1° *Sels de protoxyde de fer.*

Les sels de protoxyde de fer sont verts quand ils sont hydratés,
blancs quand ils sont anhydres. Leurs dissolutions ont une
saveur styptique et astringente (goût d'encre); elles s'oxydent
au contact de l'air, en donnant un sel basique, brun jaunâtre,
de sesquioxyde qui, souvent, se dépose sur les parois des vases.

Eau, acide chlorhydrique, hydrogène sulfuré. Pas d'action.

* *Sulfhydrate d'ammoniaque.* Précipité noir de sulfure de fer,
insoluble dans un excès de réactif. Ce sulfure s'oxyde rapidement
au contact de l'air, avec production de sulfate de fer. Il est dé=
composé par l'acide chlorhydrique.

* *Ammoniaque.* Avec les sels neutres, en l'absence de sels
ammoniacaux, précipité volumineux d'hydrate de protoxyde de
fer. Cet hydrate se transforme rapidement à l'air en hydrate de
sesquioxyde (rouille). En présence des sels ammoniacaux, il n'y
a que production d'une coloration verte plus ou moins sensible.

* *Potasse, soude.* Précipité d'hydrate de protoxyde de fer,
même en présence des sels ammoniacaux.

* *Carbonates alcalins.* Précipité blanc de carbonate de pro-

toxyde de fer, se changeant à l'air en hydrate de sesquioxyde (rouille), avec dégagement d'acide carbonique.

* *Ferrocyanure de potassium.* Précipité blanc, bleuissant à l'air. L'acide azotique produit immédiatement cette transformation. Il y a production de bleu de Prusse.

* *Ferricyanure de potassium.* Précipité bleu, insoluble dans l'acide chlorhydrique (bleu de Turnbull).

* *Tannin.* Rien en l'absence de l'oxygène. A l'air, il y a production d'une coloration noire (encre).

* *Permanganate de potasse.* Décoloration instantanée, par suite de la transformation du sel de protoxyde en sel de sesquioxyde de fer. Cette réaction est même utilisée pour doser la quantité de fer contenue, dans une liqueur, à l'état de protoxyde.

* *Chlorure d'or.* Réduction du chlorure d'or, et dépôt d'or métallique.

* *Acide azotique et oxydants en général, comme le chlore,* etc. Transformation du sel de protoxyde en sel de sesquioxyde.

2° *Sels de sesquioxyde de fer.*

Les sels de sesquioxyde de fer sont rouges ou jaunes.

Eau, acide chlorhydrique. Pas d'action.

* *Hydrogène sulfuré.* Précipité blanc bleuâtre d'abord, puis jaune de soufre, par suite de la réduction du sel à l'état de sel de protoxyde de fer.

* *Sulfhydrate d'ammoniaque.* Précipité noir de protosulfure de fer, insoluble dans un excès de réactif. Ce sulfure est décomposé par l'acide chlorhydrique ; il se produit du protochlorure de fer. Ce sulfure s'oxyde rapidement à l'air, avec production de sulfate de fer.

* *Ammoniaque.* Précipité d'hydrate de sesquioxyde de fer (rouille), insoluble dans un excès de réactif.

* *Potasse, soude.* Même précipité, insoluble à chaud et à froid dans un excès de réactif.

* *Cyanure jaune.* Précipité bleu (bleu de Prusse).

Cyanure rouge. Coloration verte. Précipité de bleu de Turnbull, en présence des agents réducteurs.

* *Sulfocyanure de potassium.* Précipité rouge avec les liqueurs concentrées. Coloration rouge de sang avec les liqueurs étendues.

Tannin. Production d'une coloration noire (encre).
Permanganate de potasse, chlorure d'or. Pas d'action.

Caractères des sels de manganèse.

1° *Sels de protoxyde de manganèse.*

Ces sels, à l'état solide, sont roses quand ils sont hydratés. Ils deviennent blancs quand ils perdent leur eau de cristallisation. Leur dissolution, dans l'eau, est légèrement rose.

Eau, acide chlorhydrique, hydrogène sulfuré. Pas d'action.

* *Sulfhydrate d'ammoniaque.* Précipité, couleur de chair, de sulfure de manganèse, insoluble dans un excès de réactif. Ce sulfure est décomposé facilement par les acides, même par l'acide acétique. Il s'oxyde rapidement à l'air.

* *Ammoniaque.* Précipite incomplètement l'oxyde en l'absence de sels ammoniacaux. Pas de précipité en présence d'une quantité notable de sels ammoniacaux.

* *Potasse, soude.* Précipité blanc d'hydrate de protoxyde, se transformant rapidement, en présence d'une atmosphère contenant de l'oyygène, en sesquioxyde, couleur de rouille.

* *Oxyde puce de plomb.* En présence de l'acide azotique, il se forme une coloration pourpre (production d'acide permanganique). Quand la liqueur contient du chlore, cette coloration ne se produit pas.

* *Azotate de potasse et azotate de soude* (1). Un sel de manganèse chauffé, sur une lame de platine ou sur un fragment de porcelaine, avec le mélange de ces deux corps, donne naissance à une matière verte. Il s'est formé un manganate qui se dissout dans l'eau avec une coloration verte. Cette réaction est très sensible.

2° *Sels de sesquioxyde de manganèse.*

Ces sels sont peu stables. Ils sont fortement colorés en brun ou en vert.

Eau. Produit souvent un phénomène de décomposition.

* *Acide chlorhydrique.* Dégagement de chlore, sous l'action de la chaleur, et formation d'un sel de protoxyde.

---

(1) On emploie un mélange contenant un sel de potasse et un sel de soude, parce que ce mélange est plus fusible que si l'on employait seulement l'un des deux sels.

Acide sulfhydrique. Précipité blanc laiteux, puis jaune de soufre, par suite de la réduction du sel à l'état de sel de protoxyde.

* *Sulfhydrate d'ammoniaque.* Précipité couleur chair, de protosulfure de manganèse, insoluble dans un excès de réactif, et décomposable, même par l'acide acétique.

* *Potasse, soude, ammoniaque.* Précipité brun d'hydrate de sesquioxyde de manganèse.

* *Azotate de potasse et azotate de soude.* Un sel de sesquioxyde de manganèse, fondu sur une lame de platine avec ce mélange, donne les mêmes réactions qu'un sel de protoxyde; il y a formation de manganates alcalins, verts, solubles dans l'eau.

Caractères des sels de zinc.

Les sels de zinc sont en général incolores, à l'état solide et à l'état de dissolution.

Eau, acide chlorhydrique. Rien.

Hydrogène sulfuré. Rien avec les liqueurs acides. Avec des dissolutions neutres, il y a commencement de précipitation de sulfure de zinc, mais l'action cesse bientôt, par suite de la mise en liberté d'une certaine quantité d'acide.

* *Sulfhydrate d'ammoniaque.* Précipité blanc caractéristique de sulfure de zinc, insoluble dans un excès de réactif. L'acide chlorhydrique, même faible, décompose facilement ce sulfure.

* *Potasse, soude, ammoniaque.* Précipité blanc d'hydrate d'oxyde de zinc, se dissolvant dans un excès de réactif. En présence de sels ammoniacaux, il ne se produit pas de précipité.

* *Carbonate de potasse ou de soude.* Précipité blanc d'hydrocarbonate de zinc, insoluble dans un excès de réactif.

* *Carbonate d'ammoniaque.* Même précipité, soluble dans un excès de réactif.

Caractères des sels de nickel.

Les sels de nickel, quand ils sont anhydres, sont d'un blanc jaunâtre. Hydratés ou en solution aqueuse, ils sont verts.

Eau, acide chlorhydrique. Pas d'action.

Hydrogène sulfuré. Rien dans une liqueur acidulée par l'acide chlorhydrique. Avec une solution neutre, il se produit un léger précipité noir de sulfure. A chaud, la quantité de sulfure précipité est plus considérable.

Sulfhydrate d'ammoniaque. Précipité noir de sulfure de nickel, insoluble dans un excès de réactif. L'acide chlorhydrique, étendu et froid, ne l'attaque que faiblement. Il est facilement décomposé par l'acide azotique.

Ammoniaque. Formation d'hydrate d'oxyde de nickel, qui se dissout dans un excès de réactif; il se produit un liquide bleu dont la coloration augmente par l'exposition à l'air. Pas de précipité en présence de sels ammoniacaux, mais simple coloration bleue.

Potasse, soude. Précipité vert pâle, gélatineux, d'hydrate d'oxyde de nickel, insoluble dans un excès de réactif.

Carbonate de potasse ou de soude. Précipité verdâtre d'hydrocarbonate de nickel, insoluble dans un excès de réactif.

Carbonate d'ammoniaque. Précipité d'hydrocarbonate de nickel, soluble dans un excès de réactif; il se produit une liqueur bleue.

Azotite de potasse. En liqueur-acidulée par l'acide acétique, pas de précipité.

Caractéres des sels de cobalt.

Les sels de cobalt, quand ils sont hydratés, sont d'une couleur rouge plus ou moins foncée; anhydres, ils sont bleus (1).

Eau. Acide chlorhydrique. Pas d'action.

Hydrogène sulfuré. Rien avec des dissolutions acides. Commencement de précipitation, surtout à chaud, avec des liqueurs neutres.

Sulfhydrate d'ammoniaque. Précipité noir de sulfure de cobalt, insoluble dans un excès de réactif. Le sulfure n'est que faiblement attaqué par l'acide chlorhydrique froid. Il est facilement attaqué par l'acide azotique.

Ammoniaque. Précipité bleu pâle d'hydrate d'oxyde de co-

(1) Pour voir cette différence de coloration, il suffit de mettre sur du papier une dissolution, même étendue, de chlorure de cobalt. Le papier, une fois sec, a une coloration à peine sensible; si l'on vient à chauffer ce papier, il devient d'un bleu intense. Cette coloration disparaît sous l'action de la vapeur d'eau. On s'est servi des sels de cobalt pour les encres sympathiques, les papiers hygroscopiques, etc.

balt, soluble, avec une coloration brun rougeâtre, dans un excès de réactif. En présence de sels ammoniacaux il n'y a pas de précipitation d'oxyde, mais production de cette coloration brune.

Potasse, soude. Précipité bleu pâle d'oxyde de cobalt, insoluble dans un excès de réactif.

Carbonate de potasse ou *de soude.* Précipité couleur fleur de pêcher, d'hydrocarbonate de cobalt devenant bleu par la chaleur.

Carbonate d'ammoniaque. Même précipité, soluble dans un excès de réactif, avec production d'une coloration rouge.

Azotite de potasse. En liqueur acidifiée par l'acide acétique, précipité d'azotite de cobalt peu soluble dans ce milieu.

Caractères des sels de chaux.

Les sels de chaux sont, en général, incolores. Le sulfate de chaux est le plus soluble des sulfates alcalino-terreux (chaux, baryte, strontiane).

Eau, acide chlorhydrique, hydrogène sulfuré, sulfhydrate d'ammoniaque et ammoniaque. Pas de précipité.

** Carbonates alcalins.* Précipité blanc de carbonate de chaux gélatineux, amorphe, à froid. Quand on le chauffe dans la liqueur d'où il a été précipité, il devient cristallin et se rassemble facilement. Il se dissout facilement dans tous les acides avec dégagement d'acide carbonique.

** Oxalate d'ammoniaque* ou *acide oxalique.* En liqueur neutre, même très étendue, précipité d'oxalate de chaux, cristallin, insoluble dans l'eau et dans l'acide acétique. Les acides énergiques le dissolvent. Chauffé, cet oxalate donne du carbonate de chaux qui, à son tour, est décomposé et laisse de la chaux vive.

** Acide sulfurique.* Précipité blanc de sulfate de chaux, sensiblement soluble dans l'eau. Il est transformé rapidement à froid en carbonate de chaux en présence des carbonates alcalins. Avec les liqueurs étendues il ne se produit pas de précipité.

** Sulfate de chaux.* Pas de précipité.

** Sulfate de strontiane.* Pas de précipité.

Acide hydrofluosilicique. Pas de précipité.

** Flamme.* Les sels de chaux introduits, au moyen d'un fil de platine, dans les flammes incolores, colorent ces flammes en rouge légèrement jaunâtre. Pour ne pas confondre cette couleur avec celle que fournit la strontiane, il est bon de la comparer à celles

que fournissent le chlorure de calcium et le chlorure de strontium purs.

Caractères des sels de strontiane.

Les sels de strontiane sont, en général, incolores. Le sulfate de
strontiane est sensiblement soluble dans l'eau; il est moins
soluble que le sulfate de chaux.

*Eau, acide chlorhydrique, hydrogène sulfuré, sulfures alca-
lins et ammoniaque.* Pas de précipité.

* *Carbonates alcalins.* Précipité blanc gélatineux, à froid, de
carbonate de strontiane. Il devient cristallin et se rassemble
quand on le fait chauffer dans la liqueur où il a pris naissance.
Il se dissout facilement dans les acides avec dégagement d'acide
carbonique.

Oxalate d'ammoniaque, acide oxalique. Précipité blanc d'oxalate de strontiane, souvent lent à se former surtout dans les
liqueurs étendues.

* *Acide sulfurique.* Précipité blanc de sulfate de strontiane,
peu soluble dans l'eau. Il est transformé en carbonate de
strontiane quand on le fait digérer, même à froid, avec un carbonate alcalin. Avec des liqueurs très étendues il ne se produit rien.

* *Sulfate de chaux.* Précipité blanc de sulfate de strontiane,
dans les liqueurs qui ne sont pas trop étendues. Il est lent à se
former et se produit surtout par l'agitation ou par une élévation
de la température.

* *Sulfate de strontiane.* Rien.

Acide hydrofluosilicique. Pas de précipité.

* *Flamme.* Les sels de strontiane, mis dans des flammes incolores, produisent une coloration rouge pourpre très nette. On
peut, pour se prononcer sur la nature d'un sel en s'appuyant
sur cette coloration, la comparer à celle produite par du chlorure
de strontium.

Caractères des sels de baryte.

Les sels de baryte, sont en général, incolores. Le sulfate de
baryte est complètement insoluble dans l'eau et dans les acides
étendus.

*Eau, acide chlorhydrique, hydrogène sulfuré, sulfures alca-

lins et *ammoniaque*. Pas de précipité. L'acide chlorhydrique concentré produit avec ces sels un précipité cristallin de chlorure de baryum peu soluble dans ce milieu. Ce précipité se dissout facilement par l'addition d'eau.

* *Carbonates alcalins*. Précipité blanc de carbonate de baryte, amorphe à froid, devenant cristallin à chaud. Il est facilement décomposé par les acides.

Acide oxalique. Précipité d'oxalate de baryte.

* *Acide sulfurique*. Précipité blanc de sulfate de baryte totalement insoluble dans l'eau et dans les acides étendus. Ce sulfate, mis en digestion avec les carbonates alcalins, n'est transformé que lentement et à l'ébullition en carbonate de baryte. Il faut en général plusieurs fois renouveler l'action des carbonates alcalins pour produire la transformation complète.

* *Sulfate de chaux*. Précipité de sulfate de baryte.

* *Sulfate de strontiane*. Précipité de sulfate de baryte, lent à se former et se produisant surtout par l'agitation ou par l'élévation de température.

* *Acide hydrofluosilicique*. Précipité blanc d'hydrofluosilicate de baryte, en général lent à se former.

* *Chromates*. Précipité jaune de chromate de baryte, peu soluble dans l'eau.

* *Flamme*. Les sels de baryte, introduits dans des flammes incolores, donnent une coloration vert-jaunâtre, qu'il suffit d'avoir vue une fois pour la reconnaître.

Caractéres des sels de magnésie.

Les sels de magnésie sont, en général, incolores. Ils ont une saveur âcre et désagréable.

Eau, acide chlorhydrique, hydrogène sulfuré, sulfures alcalins et ammoniaque. Pas de précipité.

* *Carbonate de potasse et de soude*. Précipité blanc volumineux d'hydrocarbonate de magnésie. Quand on se trouve en présence de beaucoup de sels ammoniacaux, il ne se produit pas toujours un précipité.

* *Carbonate d'ammoniaque*. Précipité blanc d'hydrocarbonate de magnésie en quantité limitée, en l'absence de sels ammoniacaux. En présence de sels ammoniacaux, il ne se produit pas

de précipité, et cette réaction permet de distinguer les sels de magnésie des sels de chaux, de strontiane et de baryte.

* *Acide sulfurique et sulfates solubles.* Rien.

* *Eau de baryte.* Précipitation totale de la magnésie sous forme d'une matière blanche volumineuse.

* *Phosphate de soude.* En présence de l'ammoniaque, il y a production de phosphate ammoniaco-magnésien, totalement insoluble dans l'eau froide en présence de l'ammoniaque. Ce précipité est souvent lent à se former; on détermine sa production par l'agitation. Sa formation n'est complète qu'au bout d'un temps assez long. Ce réactif ne doit être employé qu'après qu'on s'est assuré que la liqueur qu'on essaie ne renferme aucune des substances dont on a parlé jusqu'ici.

Flamme. Aucun phénomène de coloration.

Caractères des sels ammoniacaux.

Presque tous les sels ammoniacaux sont solubles dans l'eau. Ils sont, en général, incolores. Ils se volatilisent ou se décomposent sous l'influence de la chaleur. Ils sont inodores, sauf les carbonates qui ont l'odeur de l'ammoniaque.

Eau, acide chlorhydrique, hydrogène sulfuré, sulfures et carbonates alcalins. Pas d'action.

Potasse, soude, chaux éteinte. Quand on fait chauffer un sel ammoniacal avec ces réactifs, il y a dégagement de vapeurs ammoniacales. Ces vapeurs sont reconnaissables à leur odeur irritante qui est caractéristique. Un papier de tournesol rougi par les acides et humide, devient bleu dans ces vapeurs. Il faut avoir soin de ne mettre ce papier au-dessus du tube que quand l'ébullition du liquide est arrêtée. On risquerait, sans cette précaution, que le papier soit bleui par les gouttelettes très fines de liquide alcalin projetées au dehors du tube. Il faut aussi, quand on plonge le papier dans le tube, éviter de toucher les parois toujours imprégnées de liquide alcalin. On peut déceler de très petites quantités d'ammoniaque contenues dans une dissolution, en additionnant de potasse cette dissolution mise dans un tube à essai, et suspendant dans ce tube, de façon qu'il n'en touche pas les parois, un papier de tournesol rougi, bien sensible et humide. Quand on abandonne l'expérience ainsi disposée à elle-même, on voit au bout de quelque temps le papier bleuir par suite du dégagement de l'ammoniaque.

C'est ce procédé qu'il faut toujours employer pour déceler l'ammoniaque. C'est le plus commode et le plus sûr.

Acide phosphomolybdique. Précipité jaune de phosphomolybdate d'ammoniaque, insoluble dans les acides, se dissolvant dans l'ammoniaque. Ce précipité, séché et chauffé dans un tube peu ouvert, devient bleu, puis noir, puis de l'acide molybdique se volatilise.

Chlorure de platine. Précipité de clorure double de platine et d'ammoniaque qui, par la calcination, laisse un résidu de platine pulvérulent. Ce sel est un peu soluble dans l'eau, surtout à chaud. Il est insoluble dans un mélange d'alcool et d'éther.

Hypobromite de soude ou de *potasse* (1). Dégagement d'azote à froid.

Sulfate d'alumine. Formation d'un précipité cristallin d'alun d'ammoniaque, avec des liqueurs concentrées.

Caractères des sels de potasse.

Les sels de potasse sont la plupart solubles dans l'eau. Cependant on arrive, par des réactions chimiques, à déceler ce corps dans des liqueurs qui ne sont pas trop étendues.

Eau. Pas d'action.

Acide chlorhydrique. Quand il est concentré, il produit un précipité de chlorure de potassium peu soluble dans ce milieu. Ce précipité disparaît facilement par l'addition d'eau.

Hydrogène sulfuré, sulfures et *carbonates alcalins.* Rien.

Acide phosphomolybdique. Précipité jaune de phosphomolybdate de potasse, insoluble dans les acides. Ce précipité séché, fond sans bleuir ou noircir quand on le chauffe, et cristallise par le refroidissement. Ce caractère permet de distinguer ce sel du sel correspondant d'ammoniaque.

Chlorure de platine. Précipité cristallin jaune de chlorure double de platine et de potasse, légèrement soluble dans l'eau, surtout à chaud, insoluble dans un mélange d'alcool et d'éther. Calciné, il donne du platine métallique et du chlorure de potassium qui se dissout dans l'eau.

Acide hydrofluosilicique. Précipité gélatineux, à peine visible, d'hydrofluosilicate de potasse. Pour bien voir ce précipité, il

(1) On obtient ce réactif en dissolvant, dans une dissolution étendue de soude ou de potasse, du brome ajouté par petites portions, en ayant soin de laisser un excès d'alcali.

faut laisser reposer quelques instants la liqueur après l'addition d'acide hydrofluosilicique. On voit alors une différence de transparence entre le liquide de la partie supérieure du tube et celui de la partie inférieure dans laquelle le précipité s'est déposé.

Sulfate d'alumine. En liqueur étendue, rien. Avec des dissolutions concentrées, il se forme un précipité cristallin d'alun de potasse.

Acide tartrique ou *bitartrate de soude.* En liqueur alcaline il ne se produit rien. Dans un milieu acide, il se produit un précipité de bitartrate de potasse.

Acide picrique. Précipité jaune cristallin de picrate de potasse.

Flamme. Production d'une coloration violet pâle. Quand la liqueur que l'on essaie renferme des traces de soude, cette coloration disparaît masquée par la couleur due à la soude (1). Pour la trouver il faut regarder la flamme avec un verre bleu ou à travers une dissolution faible de sulfate d'indigo. Les rayons lumineux fournis par le sodium sont absorbés et l'on voit la coloration due à la potasse.

Caractéres des sels de soude.

Le sels de soude sont presque tous solubles dans l'eau. Aussi est-il difficile de déceler, par une réaction chimique, la présence de ce corps, dans les liqueurs qui la contiennent. On n'a guère d'insoluble, comme sel de soude, que le bimétaantimoniate de soude. Pour produire ce sel on emploie le *bimétaantimoniate de potasse*, en ayant soin que la liqueur soit neutre et ne renferme plus que la soude.

Flamme. Coloration jaune très nette. Cette coloration permet de reconnaître la soude lorsque ce corps se trouve, même en petite quantité, dans le liquide qui est examiné. Ainsi il suffit de toucher avec les doigts un fil de platine pour que celui-ci, porté dans une flamme incolore, donne la coloration caractéristique de la soude. On comprend dès lors que ce phénomène de coloration ne permette pas de constater s'il y a des quantités un peu notables de soude dans une matière.

(1) Ceci arrive, du reste, pour les sels de chaux, de baryte, de strontiane, pour lesquels la coloration de la flamme est masquée par la présence de la soude.

RECHERCHE DE LA NATURE DES BASES
CONTENUES DANS UNE DISSOLUTION.

Préliminaires.

Quand on a à examiner chimiquement une substance minérale, la première opération à faire est de la rendre soluble dans l'eau ou dans les acides. Un grand nombre de corps sont d'eux-mêmes solubles dans l'eau. Un certain nombre d'autres ne se dissolvent dans l'eau qu'après avoir été attaquées par les acides. L'action des acides sur les différentes substances ne modifie pas la base qui est contenue dans la matière à traiter. Les acides employés sont l'acide chlorhydrique, l'acide azotique, l'eau régale, qui permettent de faire entrer dans des combinaisons solubles la plupart des métaux. Les substances qui ne se dissolvent pas dans ces acides exigent des traitements spéciaux dont il sera parlé plus loin.

Quand on a affaire à une liqueur, on commence par voir s'il y a une substance dissoute ou au moins s'il y en a une quantité pouvant être retrouvée par des procédés simples. Pour cela, on en prendra une petite portion que l'on évaporera à une douce chaleur. S'il reste un résidu fixe, on est sûr que l'on a affaire à autre chose qu'à de l'eau distillée. Cependant si l'on avait affaire à une matière volatile, il ne resterait aucun résidu. Ainsi, une dissolution de carbonate d'ammoniaque dans l'eau serait volatilisée complètement. Mais dans ce cas, comme dans bien d'autres, on serait averti de la présence d'une matière dissoute, par l'odeur ou par la saveur de la dissolution.

Aussi est-il bon de goûter les substances que l'on analyse.

L'eau distillée n'a aucun goût ou du moins n'a qu'un goût légèrement fade. Toutes les substances métalliques agissent sur les organes du goût d'une façon spéciale. Nous n'avons pas indiqué pour chaque genre de sel le goût qu'il présente, ce goût variant souvent avec la nature de l'acide combiné à la base. Nous ne l'avons pas fait, surtout à cause de la difficulté qu'il y a à définir la nature des sensations du goût. Mais on peut dire que chaque substance a son goût spécial, et nous avons vu des maîtres éminents reconnaître au goût la plupart des substances qu'ils avaient à examiner. Il est inutile de dire qu'il faut être prudent en goûtant aux substances qui, le plus souvent, à une dose un peu forte, pourraient être vénéneuses. Il faut n'en mettre qu'une trace sur la langue, et la rejeter après avoir jugé de son goût.

Il faudra examiner aussi la couleur du sel à analyser; il est rare qu'une dissolution soit colorée artificiellement. Il n'arrive pas non plus souvent que l'on ait un mélange de substances, colorées de façon à modifier profondément la couleur de la matière la plus colorée.

Il faudra également examiner l'action de la dissolution sur les réactifs colorés, tournesol, phtaléine du phénol, etc. Si le corps que l'on a à examiner est cristallisé, l'examen des cristaux fournira également des indications utiles. Toutes ces opérations préliminaires ne doivent pas être négligées. Après une certaine pratique, quelques observations, en apparence superficielles, donnent des indications très précises. Il suffira d'un contrôle assez rapide pour reconnaître une foule de substances.

RECHERCHE D'UNE BASE UNIQUE CONTENUE DANS UN SEL

Nous allons supposer que nous sommes en présence d'une dissolution contenant une base unique.

Nous prendrons dans un tube de verre quelques gouttes de cette dissolution (le moins possible, de façon à conserver de la liqueur pour les opérations ultérieures), et nous allons essayer sur cette substance les différentes réactions pouvant nous faire connaître la nature de la base cherchée.

D'après les caractères que nous avons donnés de chaque catégorie de sels, cette étude sera des plus faciles. Nous n'avons qu'à indiquer la marche la plus simple pour arriver à résoudre ce problème. Il est très utile, surtout dans les commencements, de suivre, dans ces recherches, toujours la même marche. Celle que nous allons donner est résumée dans des tableaux.

Nous essaierons d'abord sur cette dissolution, l'action de l'eau.

I. Action de l'eau.

Nous ajouterons à la dissolution, lentement, quelques gouttes d'eau distillée et nous verrons s'il se produit une action.

S'il y a production d'un précipité, d'après ce que nous avons vu, nous serons en présence d'un sel de bismuth ou d'un sel d'antimoine, quelquefois d'un sel neutre de mercure. Ce que nous vérifierons par les recherches ultérieures.

S'il n'y a pas d'action par l'addition d'eau, nous ajouterons à cette même liqueur étendue d'eau une goutte d'acide chlorhydrique, l'action de l'eau ne pouvant que nous donner une indication et non une certitude.

II. Action de l'acide chlorhydrique.

Quelquefois, l'addition de cette goutte d'acide chlorhydrique produit un précipité.

1° Si ce précipité est soluble dans un excès d'acide, nous aurons affaire à du bismuth ou à de l'antimoine. Le sous-sel produit aura été redissout par l'excès d'acide.

2° Le précipité augmente par l'addition d'une nouvelle quantité d'acide chlorhydrique et est persistant (1). Dans ce cas, nous serons en présence de l'un des trois corps suivants :

> *Argent;*
> *Mercure* (à l'état de sous-oxyde Hg^2O);
> *Plomb.*

Ce précipité doit être examiné. On le jettera sur un filtre et on

---

(1) Si les liqueurs employées, ainsi que l'acide chlorhydrique, étaient trop concentrés, on aurait un précipité blanc cristallin avec un certain nombre de sels dont les chlorures sont peu solubles dans l'acide chlorhydrique (potasse, baryte, etc.). Dans ce cas, en étendant d'eau la liqueur, le précipité se redissout.

le lavera sur le filtre. On peut aussi le laver, par décantation (1), à l'eau froide.

On prendra une petite quantité de ce précipité et on le mettra au fond d'un tube à essai. On ajoutera quelques centimètres cubes d'eau et l'on fera chauffer.

1. Le précipité se dissout dans l'eau chaude et cristallise par refroidissement.

     a) Dans ce cas on aura affaire à un sel de *plomb*.

2. Le précipité ne se dissout pas dans l'eau.

On ajoutera de l'ammoniaque.

3. Le précipité se dissout dans l'ammoniaque.

     b) On se trouve en présence d'un sel d'*argent*.

4. Le précipité ne se dissout pas dans l'ammoniaque, mais noircit.

     c) On a un sel de *sous-oxyde de mercure*.

Remarque. — Les réactions que nous avons trouvées nous permettent, dans ce cas particulier, de nous prononcer sur la nature de la base que nous avions à trouver. Mais il ne faut pas se contenter, surtout en commençant l'analyse, de produire une seule réaction d'un corps. Il faut les essayer toutes, autant pour avoir une certitude plus grande que pour se familiariser avec les différentes propriétés de chaque substance. Il faut s'exercer aussi à passer de l'un des corps à un autre. Il serait trop long d'indiquer ici toutes les transformations que l'on peut faire, et nous ne ferions le plus souvent que nous répéter. Mais, pour ne citer qu'un exemple : le précipité de chlorure d'argent devra être transformé en argent métallique. Pour cela, on le mettra en présence de zinc et d'une goutte d'acide chlorhydrique. Il se produira de l'argent métallique et du chlorure de zinc soluble dans l'eau. On enlèvera mécaniquement tout le zinc en excès que l'on pourra, et les menus fragments seront dissouts dans de l'acide chlorhydrique. — L'argent métallique ainsi obtenu pourra être dissout dans l'acide azotique, et l'on aura en solution de l'azotate d'argent sur lequel on pourra constater les différentes autres réactions de l'argent. Les nouveaux précipités pourront, à leur tour, être transformés en d'autres corps. — C'est là un exercice des plus utiles; s'il est quelquefois un peu long, il permet d'acquérir, après quelques efforts, une connaissance très grande des différents corps ; surtout par ce travail, on sera bientôt à même de séparer les unes des autres les différentes bases que l'on peut avoir à chercher dans une dissolution.

---

(1) Laver par décantation un précipité, c'est le laisser tomber au fond du vase qui le contient et faire écouler le liquide surnageant, rajouter de l'eau et recommencer cette opération jusqu'à ce que le précipité soit propre. On perd de cette façon un peu de matière, mais le plus souvent on en conserve assez pour les essais ultérieurs. Quand on ne veut rien perdre, on fait tomber les eaux de lavage sur un filtre. On lave un corps très vite par ce procédé, le précipité n'obstruant pas les pores du filtre.

Il va sans dire que lorsqu'on voudra produire ces différentes transformations, il faudra préparer une quantité assez notable de la substance que l'on veut traiter, et pour cela opérer sur une quantité de matière bien plus considérable que lorsqu'on voudra faire une simple réaction.

III. Action de l'hydrogène sulfuré.

S'il ne se produit pas de précipité avec l'acide chlorhydrique, on ajoutera à la liqueur *acide* quelques gouttes d'une solution d'hydrogène sulfuré, ou bien on y fera passer quelques bulles de gaz sulfhydrique. On notera soigneusement, s'il se forme un précipité, les différentes colorations qui se produisent.

On continue l'action jusqu'à ce que, en agitant le tube après l'avoir bouché avec le doigt, il ne se produise plus d'absorption, ou encore jusqu'à ce que la liqueur présente franchement l'odeur de l'hydrogène sulfuré, après agitation.

Quelquefois il ne se produit rien à froid, lors même qu'on se trouve en présence d'une base précipitable par l'hydrogène sulfuré. On chauffera alors le tube ou le ballon dans lequel on opère.

S'il se produit un précipité, on notera sa couleur, on le lavera sur un filtre et on essaiera sur lui l'action du sulfhydrate d'ammoniaque.

Action du sulfhydrate d'ammoniaque sur les sulfures obtenus par l'hydrogène sulfuré.

Une portion très petite du précipité lavé jusqu'à ce que les eaux de lavage ne soient plus acides, sera introduite avec une baguette de verre au fond d'un tube à essai et on versera dessus quelques gouttes de sulfhydrate d'ammoniaque contenant un excès de soufre. Si c'est un sulfure acide, il se dissoudra avec production d'un sulfosel, surtout si on chauffe légèrement. Sinon il restera non dissout et flottera dans la liqueur à froid et à chaud (1).

1° Le sulfure obtenu par l'hydrogène sulfuré est soluble dans le *sulfhydrate d'ammoniaque.*

Dans ce cas on peut avoir en dissolution les métaux suivants :

---

(1) Quand on fait chauffer un corps avec du sulfhydrate d'ammoniaque, il ne faut pas aller jusqu'au point d'ébullition du liquide, sans quoi on volatiliserait le sulfhydrate d'ammoniaque et les effets de dissolution ne seraient plus les mêmes.

Or;
Étain;
Anti.noine;
Arsenic.

Le précipité produit peut encore être du soufre, par suite de la réduction d'un sel de sesquioxyde de fer ou de manganèse. Dans ce cas, au moment de sa production, il s'est produit d'abord une coloration bleue, puis blanche, puis jaune. Ce précipité passe facilement à travers les filtres, à moins qu'on n'ait fait bouillir la liqueur. On reconnaîtra que l'on a affaire à du soufre, à ce qu'une portion de précipité chauffée sur une lame de platine, brûle sans fumée, et sans laisser de résidu, en produisant une odeur franche d'acide sulfureux.

Si le précipité n'est pas du soufre, on pourra déjà tirer des indications utiles de la couleur du précipité.

Le sulfure est noir :

a) On est en présence d'un sel d'*or*.

Le sulfure est couleur rouge orangé :

b) Sel d'*antimoine*.

Le précipité est brun marron :

c) Sel de *protoxyde d'étain*.

Si le précipité est jaune, on est en présence d'un sel de bioxyde d'étain ou d'arsenic. On a remarqué, pendant la précipitation par l'hydrogène sulfuré, si l'action a été rapide ou lente. Si elle a été rapide, il y a de grandes probabilités pour que l'on ait affaire à de l'acide arsénieux ou à un arsénite.

Mais ce caractère ne suffit pas.

On prendra une portion de sulfure et on essaiera s'il est soluble dans l'ammoniaque.

Le précipité est insoluble dans l'ammoniaque :

d) Sel de *bioxyde d'étain*.

Dans ce cas la couleur du précipité est jaune sale et l'action de l'hydrogène sulfuré aura été lente, surtout à froid.

Le précipité est soluble dans l'ammoniaque :

e) On est en présence d'*arsenic*.

Pour distinguer si l'arsenic est à l'état d'acide arsénieux ou d'acide arsénique, on prendra une portion de la dissolution à examiner et on la traitera par l'azotate d'argent (1) (après avoir constaté l'absence de l'acide chlorhydrique).

Précipité jaune sale :

  e_1) *Acide arsénieux.*

Précipité rouge brique :

  e_2) *Acide arsénique.*

Nota. — Il faudra encore, dans ce cas comme dans tous les autres, constater tous les caractères des sels sur lesquels on opère, et notamment caractériser l'arsenic au moyen d'un petit appareil de Marsh.

2° Le précipité obtenu par l'hydrogène sulfuré n'est pas soluble *dans le sulfhydrate d'ammoniaque.*

On se trouve, dans ce cas, en présence des métaux suivants :

  Cadmium;
  Mercure (à l'état d'oxyde HgO);
  Platine;
  Cuivre;
  Bismuth;
  Plomb.

Si le précipité est jaune :

  a) Sel *de cadmium.*

Si le précipité est noir, on a l'un quelconque des autres métaux. Il ne faut pas s'étonner de retrouver le plomb par l'hydrogène sulfuré. Le chlorure de plomb étant soluble dans l'eau, l'acide chlorhydrique a pu ne pas produire de précipité, si la liqueur était étendue.

Une portion du précipité, bien lavé, pour le débarrasser de l'acide chlorhydrique, sera traitée par l'acide azotique.

Le précipité n'est pas attaqué :

  b) Sel de *mercure.*

Le précipité est dissout par l'acide azotique, mais non par l'acide chlorhydrique.

  c) Sel *de platine* ou *de cuivre.*

(1) L'arsénite et l'arséniate d'argent étant solubles dans les acides et les alcalis, il faut que la dissolution que l'on essaie soit neutre. Si elle est acide, on la neutralisera par l'ammoniaque; si elle est alcaline, on la neutralisera exactement par l'acide azotique.

Si, avec la liqueur primitive, l'ammoniaque donne, après addition de HCl, un précipité jaune :

c) Platine

une liqueur bleue :

d) Cuivre.

Le précipité est attaqué par l'acide chlorhydrique. Dans ce cas on ajoutera à une portion de la liqueur qu'on a à analyser, de l'acide sulfurique.

Il se forme un précipité blanc de sulfate de plomb :

e) Sel de plomb.

Il ne se produit pas de précipité. On ajoute à une autre portion de la liqueur, ou à la même, de l'ammoniaque en excès.

Il se produit une précipité blanc :

f) Sel de bismuth.

Dans ce cas, on aura eu avec l'eau, dans une liqueur pas trop acide, un précipité blanc qui se dissout par l'addition d'une quantité convenable d'acide.

III. Précipités produits par l'ammoniaque en présence du chlorhydrate d'ammoniaque.

Si l'hydrogène sulfuré ne donne de précipité, ni à froid, ni à chaud, on fera bouillir la liqueur jusqu'à ce que tout l'hydrogène sulfuré soit expulsé. On reconnaît ce fait à ce que les vapeurs qui se dégagent ne présentent plus l'odeur de l'hydrogène sulfuré, ou ne noircissent plus un papier trempé dans une dissolution d'un sel de plomb. Il est quelquefois plus simple de mettre de côté le tube qui a servi, et de reprendre un peu de la liqueur que l'on a en réserve. On ajoutera à cette liqueur une certaine quantité de chlorhydrate d'ammoniaque (au moins trois ou quatre fois le volume du liquide que l'on a employé) et de l'ammoniaque. Dans ces conditions, on ne précipitera que les sesquioxydes de fer, de chrome et l'alumine. On ne se souciera pas des changements de coloration qui peuvent se produire. On regardera si l'on se trouve en présence d'un précipité réel.

Le précipité est couleur de rouille. On a :

a) Un sel de sesquioxyde de fer.

Le précipité est gris verdâtre. On a :

> *b)* Un *sel de sesquioxyde de chrome.*

Le précipité est blanc (1) et soluble dans la potasse. On a :

> *c)* Un *sel d'alumine.*

IV. Précipité formé par le sulfhydrate d'ammoniaque.

Si l'ammoniaque ne donne pas de précipité dans la liqueur précédente, on y ajoutera du sulfhydrate d'ammoniaque, goutte à goutte. S'il se produit un précipité, on verra sa couleur.

Le précipité produit est couleur de chair (rosé) :

> *a)* Sel de *manganèse.*

Le précipité est blanc :

> *b)* Sel *de zinc.*

Le précipité est noir. Dans ce cas on sera en présence d'un des trois sels suivants :

> *Fer (FeO);*
> *Nichel;*
> *Cobalt.*

On prendra un peu de la liqueur qui se trouve en réserve et on la fera bouillir avec de l'acide azotique, ou bien on dissoudra le précipité de sulfure, filtré et lavé, dans l'acide azotique, et on ajoutera de l'ammoniaque en excès. Si l'on est en présence d'un sel de fer, il aura passé à l'état de sel de sesquioxyde et l'on aura un précipité couleur de rouille :

> *c)* Sel de *protoxyde de fer.*

S'il se produit simplement une coloration bleue :

> *d)* Sel *de nichel.*

S'il se forme une coloration brune :

> *e)* Sel de *cobalt.*

---

(1) Il faut bien vérifier, quand on obtient un précipité blanc, si, par hasard, on n'est pas en présence d'un phosphate alcalino-terreux dissout par un acide. On dissoudra ce précipité dans un acide et l'on ajoutera à la dissolution du molybdate d'ammoniaque dissout dans un acide, et l'on vérifiera qu'il ne se produit pas un précipité jaune de phosphomolybdate d'ammoniaque. Du reste le précipité d'alumine doit être facilement soluble dans la potasse.

V. Précipité produit par le carbonate de potasse.

Si aucun des réactifs employés précédemment ne donne de réaction, le plus simple est de reprendre une portion du liquide à examiner et de continuer, sur cette portion, les recherches.

On ajoutera, à la dissolution neutre, du carbonate de potasse.

S'il se forme un précipité on aura affaire à un sel à base alcalino-terreuse :

Magnésie;
Chaux;
Strontiane;
Baryte.

On dissoudra ce précipité, qui est un carbonate, dans l'acide chlorhydrique, et à la liqueur claire on ajoutera du carbonate d'ammoniaque. Si on a dissout le précipité dans un excès d'acide, les premières portions de carbonate d'ammoniaque qu'on ajoutera serviront à neutraliser l'excès d'acide; on ajoutera du réactif jusqu'à cessation de dégagement d'acide carbonique et au delà.

Il ne se produit pas de précipité :

a) Sel *de magnésie.*

S'il se forme un précipité, on sera en présence d'un sel de :

Chaux;
Strontiane;
Baryte.

On dissoudra ce précipité dans l'acide chlorhydrique, ou bien on reprendra un peu de la liqueur qui se trouve en réserve, et on y ajoutera une dissolution de sulfate de chaux saturée. On agitera et on chauffera *légèrement.*

Il ne se produit pas de précipité :

b) Sel *de chaux.*

Il se produit un précipité. On ajoutera à une autre portion de la même liqueur de réserve une dissolution saturée de *sulfate de strontiane.* Il ne se produira rien, même par l'agitation et l'élévation de température :

c) Sel de *strontiane.*

Il se produit uh précipité, qui, du reste, est souvent lent à se former :

> **d) Sel de *baryte*.**

Nota. — On vérifiera, par les caractères secondaires et surtout à l'aide de la coloration de la flamme, que l'on a bien affaire aux sels trouvés.

VI. Il ne se produit pas de précipité
par les réactifs précédents.

On est en présence, dans ce cas, d'un sel alcalin. Nous rechercherons dans la dissolution, d'abord l'ammoniaque. Nous prendrons donc une certaine portion de la liqueur d'*essai* et nous la chaufferons avec de la potasse, de la soude ou de la chaux.

Il se produit des vapeurs répandant l'odeur de l'ammoniaque et bleuissant le papier rouge de tournesol :

> **a) Sel *d'ammoniaque*.**

Il ne se produit rien. On prendra une autre portion de la liqueur à essayer ; on la prendra la plus concentrée possible, et on y ajoutera soit du chlorure de platine, soit de l'acide tartrique, soit du sulfate d'alumine, soit de l'acide picrique, soit de l'acide phosphomolyldique, etc.

Il se produit un précipité :

> **b) Sel de *potasse*.**

Il ne se produit rien. On ajoutera à une autre portion de la liqueur du bimétantimoniate de potasse.

Précipité :

> **c) Sel de *soude*.**

La coloration de la flamme permettra de distinguer la potasse et la soude.

TABLEAU POUR LA RECHERCHE DE LA BASE D'UN SEL UNIQUE DISSOUT DANS L'EAU (SOLUTION α).

I — Il se forme un précipité avec l'acide chlorhydrique	II — Il se forme un précipité par l'hydrogène sulfuré. Ce précipité est soluble dans le sulfhydrate d'ammoniaque.	II — Ce précipité est insoluble dans le sulfhydrate d'ammoniaque.	III — Précipité par l'ammoniaque en présence du chlorhydrate d'ammoniaque.	IV — Précipité par le sulfhydrate d'ammoniaque.	V — Précipité par le carbonate de potasse ou de soude.	VI — Pas de précipité par les réactifs précédents.
Ce précipité est soluble dans l'eau chaude. *a. Plomb.* Il est insoluble dans l'eau, mais se dissout dans l'ammoniaque. *b. Argent.* Il ne se dissout pas, mais noircit en présence de l'ammoniaque. *c. Mercure au minimum.*	Précipité noir. *a. Or.* Précipité orangé. *b. Antimoine.* Précipité brun marron. *c. Étain au minimum.* Précipité jaune. 1° Insoluble dans l'ammoniaque. *d. Étain au maximum.* 2° Soluble dans l'ammoniaque. *e. Arsenic.* La liqueur (α), neutre ou neutralisée, donne avec l'azotate d'argent : Précipité jaune. *e₁. Arsenic au minimum.* Précipité rouge brique. *e₂. Arsenic au maximum.*	Précipité jaune. *a. Cadmium.* Précipité noir. Ce précipité n'est pas dissout par l'acide azotique étendu. *b. Mercure au maximum.* Il n'est pas attaqué par l'acide chlorhydrique à chaud. *Platine, Cuivre.* La dissolution (α) donne avec l'ammoniaque en excès un précipité jaune, après addition d'acide chlorhydrique. *c. Platine.* Une dissolution bleue. *d. Cuivre.* Il est attaqué par l'acide chlorhydrique. La solution (α) donne avec l'acide sulfurique un précipité blanc. *e. Plomb.* Pas de précipité. *f. Bismuth.*	Précipité couleur de rouille. *a. Fer (Fe^2O^3).* Précipité gris verdâtre. *b. Chrome (Cr^2O^3).* Précipité blanc. *c. Alumine.* Voir si ce précipité blanc n'est pas un phosphate. En le dissolvant dans l'acide nitrique et ajoutant du molybdate d'ammoniaque il ne doit pas se former de précipité.	Précipité rose (couleur de chair). *a. Sel de manganèse.* Précipité blanc. *b. Sel de zinc.* Précipité noir. La liqueur primitive ou le sulfure bouillis avec de l'acide azotique donne une dissolution qui, traitée par l'ammoniaque, fournit : Précipité couleur de rouille. *c. Sel de protoxyde de fer.* Coloration bleue. *d. Sel de nickel.* Coloration brune. *e. Sel de cobalt.*	Ce précipité, dissout dans HCl, donne une liqueur qui, traitée par le carbonate d'ammoniaque en excès, ne donne pas de précipité. *a. Sel de magnésie.* S'il se produit un précipité, on ajoute à la liqueur à essayer (α) une dissolution saturée de sulfate de chaux. Rien. *b. Sel de chaux.* S'il se produit un précipité à une autre portion, on ajoutera une dissolution saturée de sulfate de strontiane. Rien. *c. Sel de strontiane.* Précipité. *d. Sel de baryte.* *Nota.* Examiner aussi la coloration de la flamme avec ces sels.	La liqueur d'essai (α), bouillie avec de la potasse, de la soude ou de la chaux, donne des vapeurs d'ammoniaque. *a. Sel ammoniacal.* Sinon une autre portion traitée après concentration, si c'est nécessaire, par : *Chlorure de platine,* ou *Acide tartrique,* ou *Sulfate d'alumine,* ou *Acide picrique,* ou *acide phosphomolybdique,* etc. donne un précipité. *b. Sel de potasse.* S'il ne se produit rien on aura : *c. Sel de soude* qui, avec le bimétaantimoniate de potasse, donnera un précipité blanc.

SÉPARATION DES DIFFÉRENTES BASES
QUI PEUVENT ÊTRE CONTENUES DANS UNE DISSOLUTION (a).

Les caractères qui ont été donnés pour les différentes bases vont maintenant nous servir à séparer ces bases quand elles se trouvent mélangées dans une dissolution. Nous allons nous proposer de résoudre ce problème général : étant donnée une dissolution contenant toutes les bases, reconnaître et séparer ces bases. Nous nous servirons pour cela des propriétés semblables que présentent un certain nombre de métaux pour produire une première séparation par groupes, et des propriétés différentes de ces mêmes métaux pour arriver à les isoler complètement dans les groupements effectués. Ce problème, pris dans toute sa généralité, serait long et pénible à résoudre. On n'a, en général, que des cas particuliers à examiner. On comprend que la séparation sera d'autant plus facile que l'on aura moins de métaux en présence les uns des autres et que ces métaux seront plus éloignés comme propriétés.

D'après ce que nous avons vu, un même réactif précipite souvent différents métaux. Nous pouvons donc diviser le travail, séparer les métaux par groupes et les isoler ensuite successivement.

Nous avons vu que nous pourrons enlever d'une dissolution successivement :

Par l'acide chlorhydrique :

Argent, mercure (Hg^2O).

Par l'hydrogène sulfuré :

1. Cadmium, mercure (HgO), platine, cuivre, plomb, bismuth;

II. *Or, étain, antimoine, arsenic.*

Les métaux inscrits sous le n° I seront séparés de ceux du n° II par le sulfhydrate d'ammoniaque qui dissoudra les sulfures des métaux II et laissera ceux de I.

Ensuite l'*ammoniaque* en présence du *chlorhydrate d'ammoniaque* précipitera :

Fer (Fe^2O^3), chrome (Cr^2O^3), alumine (Al^2O^3).

Par le *sulfhydrate d'ammoniaque*, on enlèvera :

Manganèse, zinc, fer (FeO), *nickel, cobalt.*

Le *carbonate d'ammoniaque* nous permettra de séparer, en présence des sels ammoniacaux :

Chaux, strontiane, baryte,

des bases suivantes :

Magnésie, potasse, soude,

qui resteront en dissolution.

Quant à l'ammoniaque, on la recherchera directement dans la première liqueur.

Nous voyons donc que nous avons séparé en sept parties les différents métaux auxquels nous supposons que nous avons affaire. Nous aurons six précipités et une liqueur. Nous répéterons sur chaque portion des opérations analogues à celles que nous avons faites sur le tout et nous arriverons à avoir une séparation complète des différents métaux; nous aurons des précipités ou des liqueurs qui ne contiendront qu'un seul des métaux que nous avons à rechercher.

Souvent les matières à analyser sont déjà séparées les unes des autres par ce premier travail de groupement. Supposons, en effet, que nous ayons affaire à un mélange composé de la façon suivante :

Sel d'*argent*, sel de *mercure*, sel d'*étain*, sel d'*alumine*, sel de *nickel*, sel de *baryte*, sel de *potasse*.

La séparation se trouvera toute faite par l'emploi des réactifs dont nous venons de parler.

Souvent il n'est pas nécessaire de continuer les recherches jusqu'au bout. Après chaque précipitation partielle, on cherchera si la liqueur filtrée contient encore un sel en dissolution. Pour s'en assurer, on évaporera une certaine portion de la liqueur qui a filtré. Comme nous n'avons employé jusqu'ici que des réactifs volatils, cette liqueur doit être entièrement volatile dans le cas où la précipitation aura été totale.

Nous allons voir comment on peut faire la séparation complète des bases contenues dans une dissolution. Nous désignerons les différentes liqueurs successives obtenues par des lettres grecques, les précipités par les lettres ordinaires.

Liqueur (α).

Cette liqueur est celle qu'il s'agit d'analyser. Nous y ajouterons, après l'avoir étendue d'eau si cela est nécessaire, de l'acide chlorhydrique jusqu'à ce qu'il ne s'y produise plus de précipité. Le précipité qui se produit pourra être formé de :

> *Chlorure d'argent;*
> *Sous-chlorure de mercure* (Hg^2Cl)*;*
> *Chlorure de plomb.*

Ce précipité sera jeté sur un filtre. Il passera une liqueur (β). Le précipité sera lavé d'abord à l'eau froide (1), puis à l'eau bouillante, et les eaux de lavages seront mises à part.

Précipité (A).

Le précipité, après lavage à l'eau bouillante, ne contiendra plus que du chlorure d'argent et du sous-chlorure de mercure. Si on se trouve en présence de sels de plomb, le chlorure de plomb sera en majeure partie dissout dans les eaux de lavage chaudes, d'où il pourra cristalliser par refroidissement.

Le précipité (A) sera traité par un excès d'ammoniaque.

Le chlorure d'argent se dissoudra, et il restera un précipité noir contenant le mercure.

Nous voyons donc que nous sommes arrivés à séparer les

---

(1) Si on dissolvait le chlorure de plomb dans l'eau bouillante sans avoir lavé le précipité, on risquerait de dissoudre le sous-chlorure de mercure dans un mélange d'acide chlorhydrique et d'acide azotique dans le cas où les sels à analyser seraient des azotates.

trois métaux : *plomb, argent, mercure*, qui seront contenus dans deux liqueurs et un précipité.

Sur ces trois matières, nous pourrons faire une série d'opérations qui nous permettront d'avoir n'importe quel composé, et même le métal.

Une lame de zinc plongée dans la dissolution de chlorure de plomb donnera un précipité de plomb métallique, que l'on pourra dissoudre dans l'acide azotique pour avoir de l'azotate de plomb.

De même, en ajoutant de l'acide azotique à la dissolution ammoniacale de chlorure d'argent, on précipitera le chlorure d'argent. Le chlorure d'argent, mis en présence de zinc, donnera de l'argent métallique, qui, à son tour, pourra être transformé en tel sel d'argent que l'on voudra.

En dissolvant dans l'eau régale le résidu noir laissé sur le filtre après traitement par l'ammoniaque, on aura en dissolution un sel d'oxyde de mercure, avec lequel on pourra étudier toutes les réactions des sels de mercure ou dont pourra extraire le mercure métallique. Le sel de mercure obtenu par l'action de l'eau régale sera au maximum.

Liqueur (β).

On fera passer dans cette liqueur un courant d'hydrogène sulfuré. On pourra y ajouter une dissolution d'hydrogène sulfuré si on ne craint pas de trop l'étendre, puis on chauffera. On répétera les mêmes opérations jusqu'à ce qu'une portion de la liqueur filtrée ne précipite plus par l'hydrogène sulfuré à chaud.

En filtrant le mélange, on aura une liqueur (γ) et un précipité (B) qui contiendra les sulfures des métaux suivants :

I	II
Or.	*Mercure* (HgO);
Antimoine;	*Platine;*
Étain;	*Cuivre;*
Arsenic.	*Plomb;*
	Bismuth;
	Cadmium.

Précipité (B).

Ce précipité de sulfure sera mis en digestion avec du sulfhy-

4.

drate d'ammoniaque contenant un excès de soufre, et on fera chauffer doucement le mélange à une température n'atteignant pas l'ébullition.

Dans ces conditions, les sulfures des métaux contenus dans la colonne I se combineront au sulfhydrate d'ammoniaque pour donner des sulfosels solubles. Les sulfures de la colonne II resteront non dissous, ou du moins ne se dissoudront pas d'une façon notable.

On aura ainsi une liqueur (β_1) et un précipité B_i que l'on séparera par filtration.

Liqueur (β_1).

Cette liqueur est un mélange de sulfosels et de sulfhydrate d'ammoniaque en excès. On y ajoutera de l'acide chlorhydrique étendu et froid, jusqu'au moment où il ne se dégagera plus d'hydrogène sulfuré. Tous les sulfures dissous seront précipités, mêlés à du soufre provenant de la décomposition du sulfhydrate d'ammoniaque.

Ce mélange de sulfures bien lavé sera attaqué par l'acide chlorhydrique. Les sulfures d'étain et d'antimoine seront décomposés et l'on aura :

(β_2) Une dissolution de chlorure d'étain et d'antimoine.

(B_3) Un précipité de sulfures d'arsenic et d'or.

Dissolution (β_2).

Cette dissolution contient l'étain et l'antimoine. La séparation de ces deux métaux est, en général, longue et pénible. Parmi les méthodes qui permettent cette séparation nous indiquerons la suivante :

A la liqueur (β_2) acidifiée par l'acide chlorhydrique, on ajoutera du zinc. L'étain et l'antimoine seront précipités. Ce mélange de métaux débarrassé de l'excès de zinc sera introduit dans un tube coudé (fig. 26, p. 69), ouvert à ses deux bouts et chauffé dans la flamme. Les deux métaux, pendant le passage de l'air, seront oxydés; l'oxyde d'antimoine volatil ira se condenser dans les parties supérieures du tube, et l'oxyde d'étain restera en place.

Pour reconnaître l'antimoine, on pourra aussi se servir de l'appareil de Marsh, dans lequel on introduira une portion de la dissolution (β_2).

Quand on aura seulement un des métaux en dissolution, la couleur du précipité de sulfure obtenu avec l'hydrogène sulfuré dans la dissolution (β_2) permettra de le reconnaître. Mais il vaut mieux voir si tout le métal donne un oxyde volatil ou un oxyde fixe.

Si tout se volatilise :

Antimoine.

S'il reste un oxyde fixe :

Étain.

Cette méthode ne permet pas de reconnaître à quel état se trouve l'étain dans la dissolution (α). En effet, en dissolvant le protosulfure d'étain dans le sulfhydrate d'ammoniaque, il se transforme en bisulfure qui est précipité, à cet état, de sa dissolution. Il faudra donc rechercher par les caractères secondaires, en se servant de la dissolution (α), à quel état d'oxydation se trouve ce métal, ou bien si l'on a un mélange de sels de protoxyde et de bioxyde d'étain.

Précipité (B₂).

Les sulfures, non attaqués par l'acide chlorhydrique, sont les sulfures d'arsenic et d'or. En chauffant légèrement le mélange de ces sulfures avec de l'ammoniaque, le sulfure d'arsenic sera dissous et le sulfure d'or restera non attaqué.

En traitant par l'eau régale le sulfure d'or, on aura une dissolution d'un sel d'or; en attaquant ce sulfure seulement par de l'acide azotique, on aura un dépôt d'or métallique, attaquable par l'eau régale.

L'acide chlorhydrique permettra de précipiter le sulfure d'arsenic de sa dissolution ammoniacale, et le sulfure attaqué par l'eau régale sera transformé en acide sulfurique et acide arsénique.

Ici encore, il faudra rechercher sur la dissolution (α) l'état d'oxydation de l'arsenic au moyen des caractères secondaires de l'acide arsénieux et de l'acide arsénique, et voir si l'on a l'un ou l'autre de ces acides ou bien tous les deux.

Précipité (B₁).

Ce précipité est formé des sulfures des métaux suivants :

> *Mercure* (HgO);
> *Platine;*
> *Cuivre;*
> *Plomb* (incomplètement précipité par l'acide chlorhy-
> drique);
> *Bismuth;*
> *Cadmium.*

Le mélange de sulfures sera traité par l'acide chlorhydrique à chaud. Les sulfures de plomb, de bismuth et de cadmium seront seuls attaqués. On aura donc :

Une dissolution (β_3) contenant les chlorures des métaux suivants :

> *Plomb;*
> *Bismuth;*
> *Cadmium.*

Un résidu (B_3) formé des sulfures suivants :

> *Mercure;*
> *Platine;*
> *Cuivre.*

Dissolution (β_3).

On séparera le plomb qui n'a pas été précipité par l'acide chlorhydrique, à froid, au moyen d'acide sulfurique. Le sulfate de plomb est à peu près insoluble dans l'eau et dans les acides étendus.

La liqueur filtrée, débarrassée du plomb, contiendra encore les métaux suivants :

> *Bismuth;*
> *Cadmium.*

On se servira, pour séparer ces métaux, de la solubilité de l'oxyde de cadmium dans l'ammoniaque en excès; l'oxyde de bismuth est insoluble dans ce réactif. L'oxyde de bismuth sera redissout dans un acide et on pourra, avec le zinc, précipiter le métal de cette dissolution. En ajoutant un acide à la dissolution de l'oxyde de cadmium dans l'ammoniaque et à cette nouvelle liqueur du zinc, on pourra précipiter le cadmium à l'état métallique. Avec ces (métaux on fera de nouvelles dissolutions sur lesquelles on constatera les caractères propres à chaque métal.

Précipité (B₃) formé des sulfures suivants :

Mercure;
Platine;
Cuivre.

1° On traitera ce précipité par l'acide azotique qui n'attaquera que les sulfures de platine et de cuivre. Le sulfure de mercure restera inattaqué. L'eau régale le dissoudra et donnera un sel de mercure au maximum d'où la potasse précipitera l'oxyde de mercure jaune. Cet oxyde de mercure donnera du mercure métallique par simple calcination.

La dissolution contenant le platine et le cuivre sera évaporée à siccité; le résidu additionné d'une petite quantité d'acide chlorhydrique et de chlorhydrate d'ammoniaque donnera du chlorure double de platine et d'ammonium insoluble, tandis que le sel de cuivre se dissoudra. La calcination du chlorure double de platine et d'ammonium donnera du platine métallique. La solution de cuivre après addition d'acide chlorhydrique, traitée par le fer ou le zinc, abandonne du cuivre métallique.

2° On pourra encore griller dans un tube recourbé (fig. 26) le

Fig. 26.

mélange des sulfures de mercure, de platine et de cuivre. Le mercure se volatilisera et apparaîtra à l'état métallique dans les parties supérieures et froides du tube, et il restera un mélange de platine et d'oxyde de cuivre. Le mélange traité par l'acide azotique ou par l'acide chlorhydrique donnera de l'azotate ou du chlorure de cuivre, et le platine restera à l'état métallique.

Si l'on n'avait qu'un mélange de sulfure de cuivre et de mercure, on pourrait les séparer par l'action de l'acide azotique; on pourrait encore attaquer le mélange par l'eau régale qui dissoudrait les deux sulfures. L'ammoniaque, ajoutée au mélange de ces deux sels, donnerait un précipité d'oxyde ammonio-mercurique et une dissolution d'oxyde de cuivre (liqueur bleue céleste).

Liqueur (γ).

Cette dissolution contient de l'hydrogène sulfuré dont la présence nuirait aux opérations ultérieures. On la soumettra à l'ébullition jusqu'au moment où tout l'hydrogène sulfuré qu'elle contient en aura été expulsé. On reconnaîtra ce fait à ce que les vapeurs émises n'ont plus l'odeur de l'hydrogène sulfuré et ne noircissent plus un papier imprégné d'un sel de plomb.

A ce moment on ajoutera à la dissolution de l'acide azotique et on fera bouillir, puis du chlorhydrate d'ammoniaque et de l'ammoniaque (1). Il se produira une liqueur (δ) et un précipité (C), à la condition d'avoir fait bouillir le mélange pour transformer les sels violets de chrome en sels verts.

Précipité (C).

Ce précipité contient les sesquioxydes de :

Fer;
Chrome;
Aluminium.

Pour séparer ces sesquioxydes, on ajoutera à ce précipité une dissolution froide de potasse qui ne dissoudra que les sesquioxydes de chrome et d'aluminium. Le sexquioxyde de fer restera inattaqué.

En faisant bouillir la dissolution, dans la potasse, du sesquioxyde de chrome et de l'alumine, le sesquioxyde de chrome sera précipité et l'on aura une dissolution ne contenant plus

---

(1) Si on n'avait pas expulsé l'acide sulfhydrique de la dissolution (γ), on aurait été, à ce moment, en présence du sulfhydrate d'ammoniaque et l'on aurait précipité du coup tous les sulfures métalliques qui ne se formeront que sous l'action du sulfhydrate d'ammoniaque.

que l'alumine. On précipitera l'alumine de cette dissolution en saturant la potasse par de l'acide chlorhydrique.

Remarque I. — Nous avons fait bouillir la dissolution (γ) avec de l'acide azotique pour transformer les sels de protoxyde de fer en sels de sesquioxyde. Par le traitement de la liqueur (α) par l'hydrogène sulfuré, les sels de sesquioxyde de fer ont été ramenés à l'état des sels de protoxyde, de sorte que tous les sels de fer sont à l'état d'oxydation inférieure. Il faudra rechercher sur la liqueur (α) à quel état s'y trouve le fer.

Remarque II. — Quand le fer se trouve en petite quantité par rapport au chrome, il est tout entier entraîné avec lui. De même le chrome, en présence du fer en excès, est entraîné avec le sesquioxyde de fer. Pour reconnaître, dans ces mélanges, le fer et le chrome, on fait fondre les précipités de sesquioxyde de fer ou de sesquioxyde de chrome avec un peu de salpêtre. L'oxyde de fer demeure inaltéré, tandis que le sesquioxyde de chrome passe à l'état d'acide chromique, et il se produit du chromate neutre de potasse soluble dans l'eau à laquelle il communique une couleur jaune.

Liqueur (δ).

La liqueur (δ) sera additionnée de sulfhydrate d'ammoniaque. Il se formera un précipité (D) formé de sulfures de :

Manganèse;
Zinc;
Nickel;
Cobalt.

qui sera séparé par filtration de la liqueur surnageante (ε).

Précipité (D).

Le précipité sera lavé avec une dissolution très étendue de sulfhydrate d'ammoniaque, puis traité par l'*acide acétique*. Cet acide ne décomposera que le sulfure de manganèse. On séparera, par filtration, le précipité de la liqueur.

Le précipité ainsi obtenu est un mélange de sulfures de :

Zinc;
Nickel;
Cobalt.

L'action de l'acide chlorhydrique étendu, qui n'attaque que faiblement les sulfures de nickel et de cobalt, mais décompose le sulfure de zinc, permettra de séparer cette dernière base des deux autres.

La séparation du nickel et du cobalt est, en général, très longue et très délicate. Pour arriver à séparer ces deux bases, un moyen qui peut servir dans une recherche rapide est le suivant :

On dissout le mélange des deux sulfures dans l'acide chlorhydrique concentré et chaud ou dans l'acide azotique, et l'on évapore à siccité la dissolution produite pour chasser l'excès d'acide. Le mélange des sels est redissous dans l'eau et on lui ajoute de l'acide acétique et de l'azotite de potasse. Il se forme un précipité d'azotite de cobalt et le nickel reste en dissolution.

Liqueur (ε).

Cette dissolution contient, outre les bases qu'il nous reste à déterminer, du sulfhydrate d'ammoniaque. Nous allons d'abord détruire ce corps. Pour cela, nous ajouterons à la liqueur de l'acide chlorhydrique jusqu'à ce qu'il ne se produise plus d'effervescence. Il se sera formé du chlorhydrate d'ammoniaque ; il se sera dégagé de l'hydrogène sulfuré et il reste une liqueur laiteuse ou jaunâtre qui contient du soufre en suspension. On fera bouillir cette liqueur pour en chasser l'hydrogène sulfuré qui y est dissous ; le soufre se coagulera dans cette opération et on filtrera la liqueur.

Cette dissolution contient, outre le sel ammoniacal qu'on a ajouté pour précipiter les sesquioxydes, celui qui s'est produit par la destruction du sulfhydrate d'ammoniaque.

En ajoutant donc du carbonate neutre d'ammoniaque à cette dissolution, on ne précipitera pas la magnésie. Il se fera un précipité (E) formé de :

Carbonate de chaux ;
    id.   strontiane ;
    id.   baryte.

On fera bouillir ce précipité au sein de la liqueur où il a pris naissance, de façon à avoir un corps cristallisé facile à laver. On le séparera par filtration de la liqueur (0).

Précipité (E).

La séparation des trois bases qui sont mélangées dans ce précipité est, en général, assez délicate. Un procédé qui réussit assez bien est le suivant : On dissoudra le mélange des carbonates dans de l'acide chlorhydrique et on ajoutera à la liqueur de l'acide sulfurique. Il se forme un précipité de sulfates que l'on lave à l'eau et qu'on met en digestion à froid avec une dissolution de carbonate de soude. Il se forme du carbonate de chaux et de strontiane. Le sulfate de baryte ne sera transformé que pour une faible part. On lavera le précipité qui restera, et on l'attaquera par l'acide azotique. Il restera du sulfate de baryte non attaqué, et on aura une dissolution d'azotate de chaux et d'azotate de strontiane. Cette dissolution sera évaporée à siccité et le résidu repris par l'alcool.

L'azotate de chaux se dissoudra.

L'azotate de strontiane restera non dissous et on pourra le dissoudre dans l'eau.

Quant au sulfate de baryte, on pourra le calciner avec du charbon ; on obtiendra du sulfure de baryum que l'on pourra transformer dans tel sel de baryte que l'on voudra. On pourra aussi le faire bouillir à plusieurs reprises avec du carbonate de soude qui, lentement, le transformera en carbonate de baryte attaquable par les acides.

Liqueur (0).

Cette liqueur (0) nous servira pour rechercher les bases alcalines et la magnésie.

On commencera par décomposer par l'acide chlorhydrique le carbonate d'ammoniaque introduit.

RECHERCHE DE LA MAGNÉSIE

Le procédé le plus simple et le plus sûr pour séparer la magnésie de cette dissolution est d'y ajouter de la baryte en excès (1).

(1) A la condition que la liqueur ne contienne pas d'acide sulfurique, ce que l'on reconnaîtra pas un sel de baryte soluble. De plus, le précipité de sulfate de baryte ne se dissoudra pas dans l'acide chlorhydrique, tandis que la magnésie s'y dissoudra.

Toute la magnésie sera précipitée à l'état d'une matière blanche amorphe. On la séparera par filtration.

Pour se débarrasser de la baryte en excès, on se servira de l'acide sulfurique. Le précipité de sulfate de baryte sera enlevé par filtration. Il restera une liqueur (i).

RECHERCHE DE LA POTASSE ET DE LA SOUDE

Cette dernière liqueur qui nous reste contient les sels ammoniacaux qui peuvent se trouver dans la matière à analyser, et ceux que nous avons introduits; de plus elle renferme la potasse et la soude.

Nous allons nous débarrasser des sels ammoniacaux. Pour cela nous ferons bouillir cette liqueur avec de l'eau régale; il se produira par l'ébullition un dégagement de vapeurs acides et de composés oxygénés de l'azote. L'ammoniaque sera détruite et, en évaporant la liqueur à siccité, il ne nous restera plus que les sels de potasse et de soude.

Ce mélange redissous dans un peu d'eau additionnée d'acide chlorhydrique sera traité par le chlorure de platine, et le tout évaporé à siccité à une douce chaleur. Il se formera du chlorure double de platine et de potasse peu soluble dans l'eau, insoluble dans un mélange d'alcool et d'éther.

En reprenant donc par un peu d'eau ou par un mélange d'alcool et d'éther le dernier résidu produit, on dissoudra le chlorure de platine en excès et le sel de soude.

Le résidu, calciné, laissera un résidu de platine et du chlorure de potassium que l'on pourra enlever avec l'eau.

Quant au mélange de chlorure de platine et du sel de soude, il sera évaporé à siccité et calciné. Le sel de soude non détruit sera dissout dans l'eau et séparé par filtration, comme le sel de potasse, du platine métallique produit.

RECHERCHE DE L'AMMONIAQUE

D'après ce que nous avons vu jusqu'ici, nous avons introduit de l'ammoniaque ou des sels ammoniacaux dans nos analyses. Il nous faudra donc rechercher avec la dissolution (α) s'il existe de l'ammoniaque dans la matière à analyser. Nous prendrons une portion de cette liqueur (α) et nous y ajouterons de la potasse, de la soude ou de la chaux en excès et nous ferons chauffer. Les vapeurs ammoniacales seront reconnues à leur odeur ou au moyen de papier rouge de tournesol.

Remarque. — Il arrive souvent que les acides combinés aux bases sont de nature à troubler les résultats que nous avons indiqués jusqu'ici. Aussi dans beaucoup de cas convient-il de faire subir, avant toute autre opération, à la substance à analyser, le traitement qui est indiqué pour la recherche des acides (p. 97). En chauffant la dissolution à examiner sur du carbonate de soude, il se produit un précipité formé des oxydes ou des carbonates des différentes bases autres que les bases alcalines contenues dans la solution; les acides restent dissous, combinés à la soude introduite et aux bases alcalines contenues dans la solution. Les bases alcalines autres que la soude seront recherchées dans cette liqueur. En dissolvant le précipité, mélange d'oxydes et de carbonates, dans de l'acide chlorhydrique, on aura une dissolution à laquelle on pourra appliquer la méthode générale que nous avons exposée.

TABLEAU POUR LA RECHERCHE DES DIFFÉRENTES BASES

La dissolution (α) traitée par l'acide chlorhydrique en excès donne un précipité (A) et une dissolution (β).	Liqueur (β) traitée par l'hydrogène sulfuré donnera une liqueur (γ) et un précipité (B). Précipité (B) chauffé avec du sulfhydrate d'ammoniaque contenant un excès de soufre, donnera :		Liqueur (γ) Débarrassée par l'ébullition de l'hydrogène sulfuré, puis bouillie avec quelques gouttes d'acide nitrique (*), en présence de AzH^4Cl et ammoniaque donne précipité (C) et liqueur (δ).
Précipité (A) obtenu par HCl.	**Liqueur (β1).**	**Précipité (B1).**	**Précipité (C).**
Chauffé avec de l'eau chaude, il donne un résidu insoluble (A1) et une dissolution. La dissolution contiendra : *Chlorure de plomb.* —— Résidu (A1) traité par l'ammoniaque dont ceta : Dissolution de *chlorure d'argent* précipitable par l'acide nitrique, et une matière noire contenant le *mercure.* Ce précipité est attaqué par l'eau régale.	Cette liqueur avec l'acide chlorhydrique étendu et froid ajouté non en excès donne un précipité. Le précipité chauffé avec HCl étendu donnera : Liqueur (β2) contenant *Étain* et *Antimoine.* Précipité (B2) contenant *Or* et *Arsenic.* Liqueur (β2) traitée par Zn donnera l'*Étain* et l'*Antimoine* métalliques. Ce mélange grillé dans un tube donnera : *Oxyde d'étain* fixe. *Oxyde d'antimoine* volatil. *Précipité (B2).* Par l'ammoniaque : *Sulfures d'arsenic* sont dissous. *Sulfure d'or* reste non dissous.	Traité par HCl donnera : Dissolution (β3) contenant : *Plomb, Bismuth, Cadmium.* Précipité (B3) contenant : *Mercure, Platine, Cuivre.* —— *Dissolution (β3).* L'acide sulfurique précipite le *plomb* et donne une liqueur d'où l'ammoniaque précipite : *Oxyde de bismuth* : *Oxyde de cadmium.* est dissous dans un excès d'ammoniaque. —— *Précipité (B3).* Acide azotique dissout : *Sulfure de platine* et *de cuivre,* et laisse : *Sulfure de mercure.* Dissolution de platine et de cuivre évaporée à siccité et calcinée à l'air : *Oxyde de cuivre* se dissout dans HCl. *Platine* reste. On peut aussi faire bouillir un instant la liqueur avec HCl et additionner d'ammoniaque : *Cuivre* se dissout et *Platine* reste à l'état de chloroplatinate.	Traité par une dissolution de potasse à froid : Résidu de *sesquioxyde* de fer. —— Cette dissolution bouillie donne : Précipité de *sesquioxyde de chrome.* et une dissolution d'*alumine* précipitable par une quantité convenable d'acide.

(*) Les sels de sesquioxyde de fer ont été réduits à l'état de sels de protoxyde. On ramène ainsi les sels de fer à l'état de sels de sesquioxyde.

Rechercher sur la dissolution (α) à quel degré d'oxydation est le fer.

QUI PEUVENT ÊTRE CONTENUES DANS UNE DISSOLUTION (α).

Liqueur (δ) Traitée par le sulfhydrate d'ammoniaque donne précipité (D) et liqueur (ε).	Liqueur (ε) On ajoutera HCl à cette liqueur pour détruire le sulfhydrate d'ammoniaque, on fera bouillir, et on filtrera pour se débarrasser du soufre qui se produit, puis on ajoutera du carbonate d'ammoniaque en excès et on fera chauffer. Il se produira : Précipité (E) et dissolution (ζ).	Liqueur (ζ)
Précipité (D).	**Précipité (E).**	Avec la baryte : Précipité de *magnésie* (*) et dissolution.
Traité par l'acide acétique, il donnera une liqueur contenant : *Manganèse* et un résidu qui, traité par HCl très étendu, donnera une liqueur contenant : *Zinc* et un précipité noir qui sera dissous dans l'acide azotique. Cette dissolution évaporée à siccité et reprise par l'eau donnera, en présence de l'acide acétique en excès, avec l'azotite de potasse : Précipité : *Azotite de cobalt* et une dissolution contenant *Nickel.*	Dissous dans HCl il donnera une liqueur qui, avec l'acide sulfurique, fournira un précipité. Ce précipité sera mis en présence du carbonate de soude à froid ; il se transformera partiellement. Ce nouveau précipité, lavé et traité par AzO^5HO, laissera un résidu de sulfate de baryte et une dissolution qui, évaporée à siccité, donnera avec l'alcool : *Dissolution d'azotate de chaux.* *Résidu d'azotate de strontiane.*	Cette dissolution sera traitée par SO^3HO pour se débarrasser de la baryte introduite, et la liqueur filtrée. On fera bouillir avec de l'eau régale cette dernière dissolution pour détruire les sels ammoniacaux introduits. Le résidu sec sera dissous dans un peu d'eau acidulée par HCl et additionné de chlorure de platine et d'un mélange d'alcool et d'éther. On aura : 1° Précipité de *chlorure double de potassium et de platine.* 2° Liqueur contenant le chlorure de platine en excès et le sel de soude, qu'on évapore et qu'on calcine pour retrouver le *chlorure de sodium.* —— *Recherche de l'ammoniaque.* On prendra une portion de la dissolution (α) que l'on fera bouillir avec de la potasse, de la soude ou de la chaux. Dégagement de vapeurs ammoniacales. *Ammoniaque.*

(*) Si l'on était en présence de sulfates, il se produirait un précipité de sulfate de baryte insoluble dans les acides, tandis que la magnésie se dissout dans les acides.

EXERCICES.

La recherche d'un nombre quelconque de bases est, comme on le voit, fort longue, et elle est surtout très délicate dans la pratique. Mais, en général, les analyses à effectuer, ne portant que sur un nombre restreint de matières, sont assez simples. De plus, l'existence de certains mélanges dans l'eau est absolument impossible.

Nous allons indiquer, par deux exemples, comment on peut faire ces recherches.

1er exemple.

Nous avons affaire à une dissolution de sels dans l'eau. Cette dissolution est colorée en bleu ; elle est acide au tournesol.

Nous en prendrons une petite portion et nous la traiterons par l'eau en excès, après avoir constaté, par l'évaporation de quelques gouttes de la liqueur, qu'elle laisse un résidu solide.

Action de l'eau. Rien.

Nous ajouterons à la liqueur quelques gouttes d'acide chlorhydrique.

Action de l'acide chlorhydrique. Rien.

Nous ajouterons à la liqueur de l'hydrogène sulfuré.

Il se *produit un précipité.* Ce précipité a une couleur noire.

Nous ferons passer dans la liqueur de l'hydrogène sulfuré gazeux, nous la chaufferons et nous répéterons cette opération jusqu'à ce qu'une portion de la liqueur filtrée ne donne plus de précipité par l'hydrogène sulfuré. Nous évaporerons une portion de la liqueur filtrée, et nous constaterons qu'elle laisse un résidu solide. Nous avons donc à examiner la liqueur (2) et le précipité (1).

Précipité (1).

Le précipité formé par l'hydrogène sulfuré sera bien lavé. Nous en prendrons une portion et nous la traiterons à une douce chaleur par le sulfhydrate d'ammoniaque. Il ne se dissout pas sensiblement dans le sulfhydrate d'ammoniaque, et la liqueur séparée du précipité de sulfure noir, traitée par l'acide chlorhydrique, ne donne qu'un précipité de soufre. Donc, nous n'avons pas dans cette dissolution de sels donnant des sulfures acides.

Nous essaierons de dissoudre une autre portion du sulfure dans l'acide azotique.

Il se dissout facilement dans ce milieu.

Une autre portion sera traitée par l'acide chlorhydrique bouillant. Le sulfure reste inattaqué, ce que nous reconnaîtrons à ce qu'une portion de la liqueur filtrée après traitement par l'acide chlorhydrique ne laisse pas de résidu. Nous sommes donc en présence d'un sel de platine ou de cuivre, ou d'un mélange des deux.

Pour voir s'il y a du platine, nous ajouterons à une portion de la liqueur à essayer du chlorure de potassium ou du chlorhydrate d'ammoniaque. Il ne se produit pas de précipité jaune.

Nous n'avons donc pas de platine dans notre liqueur. Nous dissoudrons tout le sulfure dans l'acide azotique. Nous aurons ainsi une dissolution d'azotate de cuivre contenant de l'acide sulfurique.

Nous constaterons que cette dissolution est bleue. Une portion de cette dissolution, traitée par l'ammoniaque en excès, donne la liqueur bleu céleste.

De la potasse donnera avec une autre portion un précipité bleu d'hydrate d'oxyde de cuivre qui deviendra noir par l'ébullition.

Une autre portion donnera avec le cyanure jaune un précipité rouge brun.

Une partie de la liqueur donnera, sur du fer qu'on y plongera, un dépôt rouge de cuivre métallique.

De même des autres caractères secondaires du cuivre.

De fait, nous devons constater que la liqueur à examiner contient un sel de cuivre, et nous n'avons, parmi les métaux précipitant en liqueur acide par l'hydrogène sulfuré, que le cuivre.

Dissolution (2).

Cette dissolution sera soumise à l'ébullition, et à une portion on ajoutera du chlorhydrate d'ammoniaque et de l'ammoniaque.

Il ne se produit rien.

A cette même portion on ajoutera quelques gouttes de sulfhydrate d'ammoniaque.

Il ne se produit rien.

A une autre quantité de liqueur on ajoutera du chlorhydrate d'ammoniaque et du carbonate d'ammoniaque en excès.

Il se produit un précipité blanc.

Nous ferons chauffer ce précipité blanc dans la liqueur qui lui a donné naissance, et nous trouverons que la liqueur séparée du précipité, bouillie avec de l'eau régale, évaporée à siccité et chauffée sur une lame de platine ne laisse pas de résidu fixe.

Nous dissoudrons dans l'acide chlorhydrique le précipité blanc qui s'est produit, et nous constaterons que la dissolution ainsi obtenue ne précipite ni par une dissolution saturée de sulfate de chaux, ni par une dissolution saturée de sulfate de strontiane même après agitation.

Nous n'avons donc, parmi les bases terreuses, que de la chaux dans la liqueur à examiner.

La dissolution du carbonate de chaux dans l'acide chlorhydrique, après neutralisation, nous donnera :

Avec l'acide oxalique, un précipité d'oxalate de chaux;

Avec l'acide sulfurique, un précipité de sulfate de chaux soluble dans beaucoup d'eau.

La flamme donnera la même coloration rouge un peu teintée de jaune que le chlorure de calcium.

Il nous reste à voir si la dissolution que nous avons à examiner ne renferme pas de sels d'ammoniaque, puisque nous ne pouvons rechercher ce corps dans la dissolution filtrée où nous avons introduit des sels ammoniacaux.

Pour cela, nous ajouterons à une portion de la liqueur qu'il s'agit d'examiner, de la potasse, de la soude ou de la chaux en excès, et nous ferons bouillir le tout. Il se dégagera des vapeurs ammoniacales.

De ces recherches nous coucluerons que nous avons à analyser un mélange d'un sel de cuivre, d'un sel de chaux et d'un sel d'ammoniaque. On voit de plus que les opérations à faire, même dans ce cas, sont peu nombreuses.

2ᵉ exemple.

Nous avons une dissolution de sels incolore.

Une portion de la liqueur additionnée d'eau ne donne pas de précipité.

1° En ajoutant de l'acide chlorhydrique à cette liqueur, il se formera un précipité blanc stable. On ajoutera un excès d'acide.

On jettera le précipité obtenu sur un filtre et on recueillera le liquide qui passe. On lavera le précipité à l'eau froide et on recueillera à part les eaux de lavage.

Ce précipité blanc est insoluble dans l'eau. Il se dissout entièrement dans l'ammoniaque et bleuit à la lumière. Il est donc entièrement formé de chlorure d'argent. On précipitera par un acide ce chlorure d'argent de sa dissolution ammoniacale et on le mettra en présence de zinc. Il deviendra gris et on aura alors l'argent métallique. — On enlèvera mécaniquement le zinc en excès, et les fragments qu'on ne pourra enlever seront dissous dans l'acide chlorhydrique. L'argent métallique bien lavé sera dissout dans l'acide azotique, et l'on n'aura plus qu'à constater sur cette dissolution d'azotate d'argent les caractères secondaires des sels d'argent.

2° La liqueur séparée du chlorure d'argent contient encore un sel, ce que l'on reconnaît en évaporant une certaine quantité jusqu'à siccité et obtenant un résidu fixe.

En ajoutant à une petite portion de cette liqueur de l'hydrogène sulfuré, il ne se produit pas de précipité ni à chaud ni à froid, ce qui nous indique que le précipité de chlorures ne contient pas de plomb dont une portion aurait passé dans la liqueur et aurait été précipitée par l'hydrogène sulfuré.

A une autre portion on ajoutera du chlorhydrate d'ammoniaque et de l'ammoniaque. Il ne se produit pas de précipité, mais simplement un changement de coloration.

Avec cette même liqueur, par l'addition de sulfhydrate d'ammoniaque, on obtient un précipité noir.

On prendra une certaine quantité de la liqueur débarrassée du chlorure d'argent, on la fera bouillir avec de l'acide azotique et on y ajoutera de l'ammoniaque en excès. On se trouve ainsi en présence de sels ammoniacaux qui se sont formés et d'ammoniaque.

Il se forme un précipité couleur de rouille, tandis que la première liqueur avec l'ammoniaque ne donne pas de précipité, mais une simple coloration.

On recueillera ce précipité sur un filtre et on le lavera. Ce précipité, dissous dans un acide, nous donnera un sel de sesquioxyde de fer sur lequel nous pourrons retrouver tous les caractères de ce genre de sels.

La liqueur séparée du fer sera bleue et précipitée en noir par le sulfhydrate d'ammoniaque. On pourra, sur la liqueur elle-même, reconnaître tous les caractères des sels de nickel et aucun de ceux de cobalt. On pourra encore précipiter le nickel à l'état de sulfure et dissoudre ce sulfure dans l'acide azotique.

On constate que le liquide qui passe ne contient plus aucune substance saline, à ce fait qu'une portion évaporée à siccité ne laisse qu'un résidu de soufre qui brûle totalement quand on chauffe la capsule qui a servi à l'opération, et de sels ammoniacaux qui se volatilisent dans la même opération de calcination. De plus, la liqueur primitive traitée par la potasse ne donne pas de dégagement de vapeur ammoniacales.

De l'ensemble de ces recherches nous pourrons conclure que nous avons un mélange d'un sel d'argent, d'un sel de fer (protoxyde) et d'un sel de nickel.

Ces deux exemples montrent la marche à suivre. Au bout d'un certain temps de pratique, on arrive, en opérant avec méthode, à faire des analyses de plus en plus compliquées et surtout on les fera très vite.

RECHERCHE DES ACIDES MINÉRAUX

CARACTÈRES DES ACIDES OU DES SELS ALCALINS QU'ILS FORMENT.

I. Acides organiques que l'on a le plus fréquemment à reconnaître.

Caractères de l'acide formique et des formiates.

Hydrogène sulfuré. Pas de précipité.
Chlorure de baryum. Pas de précipité.
* *Azotate d'argent.* Précipité blanc de formiate d'argent, puis dépôt d'argent métallique. En liqueur étendue, il ne se produit pas de précipité, mais il y a dépôt lent d'argent.
Bichlorure de mercure. Rien à froid; mais, vers 60 à 70°, formation d'un précipité blanc de sous-chlorure de mercure (calomel).
* *Acide sulfurique.* Dégagement de vapeurs d'acide formique, reconnaissables à leur odeur. Il ne faut pas élever trop la température du mélange.
Les formiates alcalins, chauffés avec un excès d'alcali, donnent naissance à un dégagement d'hydrogène et à un carbonate alcalin.

Caractères de l'acide acétique et des acétates.

Hydrogène sulfuré. Pas de précipité.
Chlorure de baryum. Pas de précipité.

Azotate d'argent. Précipité blanc cristallin d'acétate d'argent, soluble dans beaucoup d'eau froide, plus soluble dans l'eau chaude; soluble dans l'acide azotique et dans l'ammoniaque.

* *Acide sulfurique.* Dégagement de vapeurs d'acide acétique, d'odeur caractéristique (vinaigre).

Perchlorure de fer. Coloration brune.

* Les acétates alcalins, chauffés avec un excès d'alcali ou de la chaux sodée, donnent naissance à un dégagement de formène (C^2H^4) (CH^4) ou protocarbure d'hydrogène. Chauffés avec de l'acide arsénieux, ils laissent dégager des vapeurs douées d'une odeur d'ail caractéristique, mélange de cacodyle ($C^8H^{12}Az^2$) ($C^4H^{12}Az^2$) et d'oxyde de cacodyle ($C^8H^{12}Az^2O^2$) ($C^4H^{12}Az^2O$).

Caractères de l'acide benzoïque et des benzoates.

Hydrogène sulfuré et chlorure de baryum. Pas de précipité.

Azotate d'argent. Précipité blanc de benzoate d'argent, soluble dans l'eau chaude, dans les acides et dans l'ammoniaque.

* *Acides.* Dans les liqueurs concentrées, précipité d'acide benzoïque, soluble dans l'eau chaude, d'où il cristallise par refroidissement. Cet acide est enlevé, aux dissolutions aqueuses, même étendues, par l'éther, et cette dissolution éthérée décantée, abandonne l'acide benzoïque par évaporation.

* *Perchlorure de fer.* Précipité volumineux et couleur de rouille, de benzoate de fer; ce précipité, lavé et traité par un acide, est décomposé. Il se forme un sel soluble, et l'acide benzoïque reste non dissous quand on n'emploie pas trop d'eau. On peut enlever cet acide benzoïque à sa dissolution aqueuse par de l'éther.

Caractères de l'acide malique et des malates.

Hydrogène sulfuré, chlorure de baryum. Rien avec des liqueurs un peu étendues.

* *Azotate d'argent.* Précipité blanc de malate d'argent, devenant gris par la chaleur. La réduction de ce sel d'argent est toujours faible, et n'est nullement comparable à celle du formiate d'argent.

Acétate de plomb. Précipité blanc de malate de plomb.

Perchlorure de fer, eau de chaux, eau de baryte. Pas de précipité.

Acide nitrique. Oxyde à chaud l'acide malique; il y a production d'acide oxalique, que l'on reconnaîtra avec un sel de chaux.

Caractères de l'acide tartrique et des tartrates.

Hydrogène sulfuré. Pas de précipité.

Chlorure de baryum. Précipité blanc de tartrate de baryte, soluble dans les acides. Il se dissout aussi dans le chlorhydrate d'ammoniaque, d'où il cristallise au bout de quelque temps.

Azotate d'argent. Précipité blanc de tartrate d'argent, soluble dans les acides et dans l'ammoniaque; il noircit au bout de quelque temps d'ébullition avec l'eau.

Sels de potasse. En liqueur acide quelconque, même dans l'acide acétique, précipité blanc de bitartrate de potasse peu soluble.

Eau de chaux, eau de baryte. Précipité blanc de tartrates de ces bases. Cette réaction permet de distinguer les tartrates des malates.

Caractères de l'acide citrique et des citrates.

Chlorure de baryum. Précipité blanc, insoluble en présence d'un excès de réactif.

Azotate d'argent. Précipité blanc de citrate d'argent, soluble dans les acides et dans l'ammoniaque; ne noircissant que faiblement sous l'action de la chaleur.

Perchlorure de fer. Coloration brune.

Eau de chaux. Rien à froid; précipité à chaud.

II. Acides minéraux.

Caractères des carbonates.

Hydrogène sulfuré. En dissolution, n'agit pas.

* *Chlorure de baryum.* Précipité blanc de carbonate de baryte, gélatineux à froid, devenant cristallin par l'ébullition. Il se dissout dans les acides, avec effervescence et production d'acide carbonique, qui trouble l'eau de chaux et l'eau de baryte.

* *Azotate d'argent.* Précipité blanc de carbonate d'argent.

Perchlorure de fer. Dépôt de sesquioxyde de fer hydraté, et dégagement d'acide carbonique.

Acides. Dégagement d'acide carbonique, troublant l'eau de chaux et l'eau de baryte.

Caractères de l'acide iodique et les iodates.

* *Hydrogène sulfuré.* Dans une liqueur acidulée par l'acide sulfurique, il y a mise en liberté de l'iode et dépôt de soufre. La liqueur filtrée noircit le papier et est elle-même brunâtre. On reconnaît l'iode avec l'empoix d'amidon. Un excès d'hydrogène sulfuré fait disparaître l'iode, et il y a formation d'acide iodhydrique. (C'est là une des préparations de l'acide iodhydrique.)

* *SO^2.* Formation d'acide sulfurique et d'iode libre, qui à son tour est transformé en acide iodhydrique avec un excès de réactif.

Chlorure de baryum. Précipité blanc, soluble dans l'acide azotique.

Azotate d'argent. Précipité blanc cristallin, soluble dans l'ammoniaque.

Caractères des chromates.

Ces sels sont jaunes ou rouges, suivant qu'ils sont neutres ou acides.

* *Hydrogène sulfuré.* En liqueur acide, précipité de soufre et formation d'un sel de sesquioxyde de chrome, que l'on reconnaîtra comme base.

* *Sulfhydrate d'ammoniaque.* Précipité de sesquioxyde de chrome.

* *Acide chlorhydrique.* A chaud, dégagement de chlore et production de chlorochromate ou d'un sel de sesquioxyde de chrome suivant la température.

* *Chlorure de baryum.* Précipité de chromate de baryte, soluble dans l'acide chlorhydrique et dans l'acide azotique.

* *Azotate d'argent.* Précipité rouge de chromate d'argent, légèrement soluble dans l'eau.

* *Azotate de sous-oxyde de mercure.* Précipité rouge brique de chromate de sous-oxyde de mercure.

* *Eau oxygénée.* Dans une liqueur acide, formation d'une

coloration bleue; ce composé bleu est soluble dans l'éther, au moyen duquel on peut mettre en évidence de petites quantités de chromates.

** Alcool et acide sulfurique.* Dégagement d'aldéhyde et formation d'un sel de sesquioxyde de chrome.

Caractères des manganates.

Ces sels sont verts et donnent une dissolution verte. Sous l'influence des acides, ils sont transformés en permanganates, et la coloration devient rouge violacé. L'addition des alcalis ramène la coloration verte.

** Hydrogène sulfuré.* Dépôt de soufre; la dissolution produite a les propriétés des sels de protoxyde de manganèse.

** Sulfhydrate d'ammoniaque.* Dépôt de soufre, se dissolvant dans un excès de sulfhydrate, et précipitation de sulfure de manganèse.

** Acide sulfureux, sels de protoxyde de fer et en général les corps réducteurs* décolorent ces liqueurs, et il y a production d'un précipité brun plus ou moins sensible de bioxyde de manganèse.

Caractères des permanganates.

Ces sels, à l'état solide, sont presque noirs; ils présentent souvent, à la lumière réfléchie, de beaux reflets. Leur dissolution est d'un rouge violacé plus ou moins intense. L'addition d'alcalis à ces dissolutions produit leur transformation en manganates verts.

Hydrogène sulfuré. Précipité de soufre.

Sulfhydrate d'ammoniaque. Précipité de sulfure de manganèse et production de soufre, qui se dissout dans un excès de réactif.

Réducteurs (SO^2; FeO, SO^3; etc.). Décoloration instantanée des dissolutions et, dans des liqueurs pas trop acides, formation de bioxyde de manganèse hydraté.

Caractères des sulfates.

** Chlorure de baryum.* Précipité blanc de sulfate de baryte, insoluble dans l'eau et dans les acides étendus. Ce corps, chauffé avec du charbon, donne du sulfure de baryum soluble dans l'eau, et avec lequel on prépare presque tous les composés de baryum. Bouilli à plusieurs reprises avec du carbonate de soude, le sulfate de baryte se transforme en carbonate de baryte.

* *Azotate d'argent.* Précipité blanc de sulfate d'argent, peu soluble dans l'eau.

* *Sels solubles de plomb.* Précipité blanc de sulfate de plomb, peu soluble dans l'eau.

* Chauffés au rouge avec du charbon à l'abri de l'air, les sulfates alcalins et alcalino-terreux sont réduits à l'état de sulfures. Ces sulfures, placés avec un peu d'eau sur de l'argent (une pièce d'argent propre quelconque), donnent une tache noire de sulfure d'argent.

Caractères des silicates.

Les silicates alcalins sont seuls solubles dans l'eau; la plupart des autres, obtenus par voie humide, sont décomposés par les acides, et en liqueur étendue il n'y a pas formation de précipité; dans des liqueurs plus concentrées, il reste un dépôt gélatineux de silice.

Chlorure de baryum. Précipité blanc de silicate de baryte gélatineux. Ce silicate est sensiblement soluble dans l'eau; les acides le dissolvent ou en précipitent de la silice, suivant le degré de concentration des milieux.

Sels métalliques. Production d'un silicate peu soluble dans l'eau, décomposable par les acides.

* *Acide chlorhydrique et acides minéraux.* Dépôt de silice gélatineuse dans les solutions concentrées; dans les liqueurs étendues il ne se produit pas de précipité : la silice reste dissoute. Quand on évapore cette dissolution, la silice se précipite et devient insoluble dans les acides. — La présence d'un certain nombre de sels, notamment du chlorhydrate d'ammoniaque, facilite cette précipitation.

* *Ammoniaque.* Précipitation de silice avec les dissolutions concentrées; avec les liqueurs étendues, il ne se produit rien.

* *Acide fluorhydrique.* Dissolution rapide et dégagement de fumées de fluorure de silicium décomposable par l'eau, en silice, qui se précipite, et en acide hydrofluosilicique.

Caractères des hyposulfites.

* *Chlorure de baryum.* Précipité d'hyposulfite de baryte décomposé par les acides avec dépôt de soufre et dégagement d'acide sulfureux.

* *Azotate d'argent* en excès. Précipité blanc d'hyposulfite qui devient rapidement jaune, puis noir. Il s'est formé du sulfure d'argent insoluble et du sulfite peu soluble.

Permanganate de potasse. Décoloration et formation d'un sulfate.

* *Acides.* Dégagement d'acide sulfureux et dépôt de soufre, dépôt qui, en liqueur étendue, ne se manifeste qu'au bout de quelque temps.

Zinc et acide chlorhydrique. Dégagement d'hydrogène sulfuré.

Caractères des sulfites.

* *Chlorure de baryum.* — Précipité de sulfite de baryte décomposé par les acides avec dégagement d'acide sulfureux, sans dépôt de soufre. Chauffé avec de l'acide azotique, il y a toujours formation d'une certaine quantité de sulfate.

Azotate d'argent. Précipité blanc avec un excès de réactif.

Permanganate de potasse. Décoloration et formation d'un sulfate.

* *Acides.* Production d'acide sulfureux sans dépôt de soufre.

L'acide azotique donne, en élevant la température, naissance à un sulfate.

Caractères des fluorures.

Chlorure de baryum. Précipité blanc soluble dans les acides en excès.

Azotate d'argent. Pas de précipité.

* *Acide sulfurique concentré.* Dégagement de vapeurs d'acide fluorhydrique corrodant le verre. En ajoutant de la silice (ou du sable finement pulvérisé) à un mélange de fluorure et d'acide sulfurique, on a un dégagement de vapeurs de fluorure de silicium qui sont décomposées par l'eau avec précipitation de silice.

Caractères des borates.

Chlorure de baryum. Précipité blanc soluble dans les acides et même dans beaucoup d'eau, soluble aussi dans un excès de réactif.

Azotate d'argent. Précipité blanc ou blanc jaunâtre de borate d'argent soluble dans l'acide azotique.

Sels de plomb solubles. Précipité blanc de borate de plomb soluble dans beaucoup d'eau, dans un excès de réactif et décomposé par les acides.

* *Mélange d'acide sulfurique et d'alcool.* L'alcool en brûlant donne une flamme d'un beau vert. Ce caractère est assez sensible pour reconnaître même de très faibles quantités d'acide borique.

Caractères des phosphates,

I. *Phosphates ordinaires.*

* *Chlorure de baryum.* Précipité blanc de phosphate de baryte qui se dissout dans les acides.

* *Nitrate d'argent.* Précipité jaune de phosphate tribasique d'argent, soluble dans l'ammoniaque et dans l'acide azotique.

* *Molybdate d'ammoniaque en liqueur acide.* Coloration jaune, puis formation, surtout à chaud, d'un précipité jaune de phosphomolyldate d'ammoniaque. Ce composé est insoluble dans les acides, soluble dans l'ammoniaque en excès.

* *Azotate de bismuth.* En liqueur acide, précipité blanc insoluble de phosphate de bismuth.

* *Sels de magnésie.* En liqueur ammoniacale, production du phosphate ammoniaco-magnésien, insoluble à froid, et en présence d'un excès d'ammoniaque.

* *Acétate d'urane.* Précipité jaune insoluble dans l'acide acétique, soluble dans les acides forts.

L'acide phosphorique ordinaire, quand il est libre, ne coagule pas l'albumine. Il ne précipite que partiellement les sels de baryte et les sels d'argent.

* Tous les phosphates solides et ne contenant pas d'eau, chauffés avec une parcelle de sodium, donnent naissance à un phos-

phure qui, en présence de l'eau, se décompose et laisse dégager du phosphure d'hydrogène gazeux reconnaissable à son odeur caractéristique.

Caractères des pyrophosphates.

Chlorure de baryum. Précipité blanc soluble dans les acides.

* *Azotate d'argent.* Précipité blanc soluble dans l'ammoniaque et dans l'acide azotique.

* *A l'état de liberté*, il ne coagule pas l'albumine et ne précipite pas les sels de baryte et d'argent.

Molybdate d'ammoniaque. Pas de précipité.

Ces sels, quand on les fait bouillir avec l'eau ou avec un acide, sont transformés et donnent des phosphates ordinaires.

Caractères des métaphosphates.

Chlorure de baryum. Précipité blanc insoluble dans les acides.

Nitrate d'argent. Précipité blanc soluble dans l'acide azotique et dans l'ammoniaque.

* *A l'état de liberté*, l'acide métaphosphorique coagule l'albumine et précipite les sels de baryte et d'argent.

A la longue, en présence de l'eau, ou assez rapidement à l'ébullition, ces sels se transforment en phosphates ordinaires et l'acide métaphosphorique donne de l'acide tribasique.

Caractères des oxalates.

* *Chlorure de baryum.* Précipité blanc d'oxalate de baryte, très peu soluble dans l'eau.

* *Sels de chaux.* Précipité blanc d'oxalate de chaux, insoluble dans l'eau, dans l'acide acétique, et se dissolvant dans l'acide chlorhydrique et dans l'acide azotique.

Azotate d'argent. Précipité d'oxalate d'argent.

* *Bioxyde de manganèse.* En présence de l'acide sulfurique, dégagement d'acide carbonique.

* *Chlorure d'or.* Dépôt d'or métallique et dégagement d'acide carbonique, surtout à chaud.

* *Acide sulfurique.* A chaud, cet acide en excès produit le

dédoublement de l'acide oxalique en eau, acide carbonique et oxyde de carbone.

Caractères des bromates.

* *Hydrogène sulfuré.* Dépôt de soufre et formation de bromure.

Chlorure de baryum. Pas de précipité.

Azotate d'argent. Précipité blanc soluble dans beaucoup d'eau, peu soluble dans l'acide azotique étendu.

* *Acide sulfurique concentré.* Dégagement de vapeurs de brome mélangées d'oxygène.

* Ces sels projetés sur un charbon incandescent produisent un phénomène de déflagration. Calcinés, ils dégagent de l'oxygène et laissent un résidu de bromure.

Caractères des sulfures.

Chlorure de baryum. Pas de précipité.

* *Azotate d'argent.* Précipité de sulfure d'argent noir.

* *Acides forts.* Dégagement d'hydrogène sulfuré reconnaissable à son odeur et à son action sur le papier imprégné d'acétate de plomb qui devient noir.

* *Lame d'argent.* Avec les sulfures solubles, tache noire de sulfure d'argent à l'endroit où est mis le sulfure. Cet essai se fait d'habitude avec une pièce d'argent bien nettoyée.

* *Nitroprussiates.* Coloration violet rougeâtre qui ne se produit pas avec une dissolution d'hydrogène sulfuré.

* *Sels de plomb.* Sulfure de plomb noir.

Pour distinguer les sulfures des sulfhydrates de sulfure et des polysulfures, on se sert de *sulfate de cuivre* chimiquement neutre (1).

Ce réactif donne, avec les *sulfures proprement dits*, un dépôt noir de sulfure de cuivre non mélangé de soufre et sans dégagement d'hydrogène sulfuré.

Les *sulfhydrates de sulfures* fournissent un dépôt de sulfure de cuivre et laissent dégager de l'hydrogène sulfuré.

---

(1) Il ne doit pas faire virer la couleur des tropæolines ni décomposer l'hyposulfite de soude.

Les *polysulfures* donnent un dépôt de sulfure de cuivre mélangé de soufre, et il ne se dégage pas d'hydrogène sulfuré.

Caractères des chlorures.

Chlorure de baryum. Pas de précipité.

* *Azotate d'argent.* Précipité blanc, caillebotté de chlorure d'argent, très soluble dans l'ammoniaque et les hyposulfites alcalins, noircissant à la lumière.

* *Sels de plomb.* Précipité blanc de chlorure de plomb, soluble dans l'eau chaude, d'où il cristallise par refroidissement.

* *Sels de sous-oxyde de mercure.* Précipité blanc de sous-chlorure de mercure (calomel), noircissant par l'ammoniaque.

* *Acide sulfurique* et *bioxyde de manganèse.* Dégagement de chlore.

* *Eau de chlore :* pas d'action.

Caractères des bromures.

Chlorure de baryum. Pas de précipité.

* *Azotate d'argent.* Précipité blanc de bromure d'argent insoluble dans l'eau et dans les acides, peu soluble dans l'ammoniaque. Il devient gris à la lumière.

Sels de plomb. Précipité blanc assez soluble dans l'eau.

* *Eau de chlore.* Déplacement du brome qui colore la liqueur en rouge. En agitant cette dissolution avec de l'éther, le brome se dissout dans l'éther qui se colore fortement en rouge brun. Avec le sulfure de carbone on obtiendrait un liquide brun tombant au fond de l'eau.

* *Acide sulfurique* et *bioxyde de manganèse.* Dégagement de vapeurs de brome.

Caractères des iodures.

Chlorure de baryum. Pas de précipité.

* *Azotate d'argent.* Précipité blanc jaunâtre d'iodure d'argent insoluble dans l'eau et dans l'acide azotique. Cet iodure se dissout dans beaucoup d'ammoniaque. Il noircit très lentement à la lumière.

* *Acide sulfurique* et *acide azotique.* Dégagement d'iode quand on chauffe.

* *Eau de chlore.* Mise en liberté de l'iode qui colore la liqueur en rouge violacé. De l'éther agité avec cette liqueur se colore

en violet. Avec du sulfure de carbone on obtient un liquide également d'un très beau violet. L'icde libre colore en bleu l'empois d'amidon.

* *Sels solubles de plomb.* Précipité jaune doré d'iodure de plomb, peu soluble dans l'eau froide, plus soluble dans l'eau chaude d'où il cristallise, par refroidissement, en belles lamelles.

* *Sels de bioxyde de mercure.* Précipité rouge d'iodure de mercure soluble dans un excès, soit d'iodure soit de sel de mercure.

Caractères des cyanures.

Chlorure de baryum. Pas de précipité.

* *Azotate d'argent.* Précipité blanc de cyanure d'argent soluble dans un excès de réactif; soluble dans l'ammoniaque. Il ne noircit pas d'une façon sensible à la lumière.

* *Mélange d'un sel de protoxyde et de sesquioxyde de fer.* Précipité vert sale en liqueur neutre; en liqueur alcaline précipité formé d'un mélange de bleu de Prusse et de sesquioxyde de fer; l'acide chlorhydrique dissout dans ce mélange le sesquioxyde de fer et laisse le bleu de Prusse intact.

* *Sulfhydrate d'ammoniaque.* En évaporant un mélange de cyanure et de ce réactif, jusqu'à siccité, pour chasser le sulfhydrate d'ammoniaque en excès, on obtient un sulfocyanure qui, dissout dans l'eau, donne, avec les sels de sesquioxyde de fer, un précipité rouge ou une coloration rouge qui sont caractéristiques.

Zinc et acide sulfurique. A chaud, dégagement d'acide cyanhydrique; avec l'acide sulfurique seul, il y a dégagement d'oxyde de carbone quand on opère avec des dissolutions à un degré de concentration convenable.

Caractères des sulfocyanures.

Chlorure de baryum. Pas de précipité.

* *Azotate d'argent.* Précipité blanc qui se transforme, en présence de l'acide sulfurique et du zinc, en précipité noir de sulfure d'argent qui, à son tour, est décomposé. Il se dégage de l'hydrogène sulfuré et de l'acide cyanhydrique.

* *Sels de sesquioxyde de fer.* Coloration ou précipité rouge foncé suivant le degré de concentration des liqueurs.

* *Acide sulfurique et zinc.* Dégagement d'hydrogène sulfuré et de l'acide cyanhydrique.

Caractères des ferrocyanures.

Chlorure de baryum. Avec liqueurs moyennement concentrées, pas de précipité.

* *Azotate d'argent.* Précipité blanc insoluble dans l'acide azotique et dans l'ammoniaque.

* *Sels de protoxyde de fer.* Précipité blanc bleuissant sous l'influence de l'oxygène de l'air ou des corps oxydants.

* *Sels de sesquioxyde de fer.* Précipité de bleu de Prusse.

* *Sels de cuivre.* Précipité brun mauve caractéristique. En liqueur étendue, coloration rouge brun.

Acide sulfurique. Étendu, dégagement d'acide cyanhydrique ; concentré, production d'oxyde de carbone.

Caractères des ferricyanures.

Chlorure de baryum. Pas de précipité.

* *Azotate d'argent.* Précipité orangé très soluble dans l'ammoniaque, insoluble dans l'acide azotique.

* *Sels de protoxyde de fer.* Précipité bleu (bleu de Turnbull).

* *Sels de sesquioxyde de fer.* Coloration brune. Avec les corps réducteurs, précipité bleu.

* *Acide sulfurique.* Même chose que pour les ferrocyanures.

Caractères des chlorates.

Chlorure de baryum. Pas de précipité.

Azotate d'argent. Pas de précipité.

* *Acide sulfurique.* Dégagement de vapeurs jaunes formé d'acide hypochlorique ; quelquefois, explosion. Quand on laisse tomber du phosphore à travers de l'eau sur de l'acide sulfurique mélangé d'un chlorate, il brûle avec explosion.

* *Charbon.* Projetés sur un charbon rouge, les chlorates produisent le phénomène de déflagration et donnent des chlorures.

Calcinés, les chlorates produisent un dégagement d'oxygène et laissent un résidu de chlorure.

Caractères des perchlorates.

Mêmes caractères que ceux des chlorates. Seulement, l'acide sulfurique met simplement en liberté l'acide perchlorique qui ne se décompose pas, et peut même être distillé sans décomposition.

Sels de potasse. Précipité de perchlorate de potasse peu soluble.

Caractéres des azotates.

Chlorure de baryum, azotate d'argent. Pas de précipité.

* *Acide sulfurique et cuivre métallique.* Dégagement de bioxyde d'azote qui, au contact de l'air, se transforme en vapeurs rutilantes d'acide hypoazotique.

* *Sulfate de protoxyde de fer.* Mis en suspension en fragments très fins dans l'acide sulfurique, donne une coloration rose avec peu d'azotate; une coloration brune avec beaucoup d'azotate.

* *Charbon rouge.* Déflagration et formation d'un carbonate.

* *Sulfate d'indigo.* Avec l'acide azotique libre, ou mis en liberté par l'acide sulfurique, décoloration, surtout si on élève la température.

RECHERCHE D'UN ACIDE UNIQUE COMBINÉ AVEC DES BASES

D'après les caractères des différents acides, il est possible de déterminer l'acide qui est combiné à une ou plusieurs bases dans une dissolution saline. Cependant, pour arriver le plus rapidement possible à la découverte de cet acide, est-il nécessaire de suivre une marche bien déterminée.

———

Très souvent on peut se servir de la dissolution, telle qu'elle est, pour rechercher l'acide. Mais il arrive quelquefois que les bases, qui sont en combinaison avec l'acide, donnent, avec les différents réactifs employés, des précipités dont la formation complique singulièrement les recherches. Aussi faut-il se débarrasser de ces bases. Quand l'acide est en combinaison avec les alcalis, la recherche de cet acide n'est plus troublée par les réactions que donnent ces bases, réactions qui, la plupart, sont négatives, avec les différents réactifs employés. Quand l'acide à rechercher est combiné avec des bases quelconques, on élimine ces bases et on fait entrer l'acide en combinaison avec des bases alcalines. Pour cela on traite la dissolution que l'on a à essayer par le carbonate de soude en excès. Il se forme un précipité formé d'un mélange des bases qui se trouvaient combinées à l'acide, ou des carbonates de ces bases. Ce précipité peut être redissout dans un acide et servir à rechercher les bases autres que les bases alcalines contenues dans la dissolution à analyser. La dissolution filtrée contient le sel alcalin dont on a à rechercher l'acide.

La précipitation se fera à chaud pour empêcher la formation de bicarbonates solubles, dont la présence pourrait troubler les recherches ultérieures.

Nous supposons que l'acide à rechercher n'est pas un carbonate. Ceci est, du reste, facile à vérifier, et c'est par cette vérification qu'il faut commencer. Pour cela, nous traiterons par l'acide chlorhydrique une partie de la dissolution que nous avons à analyser et nous constaterons s'il se dégage un gaz, et si ce gaz trouble ou non l'eau de chaux.

S'il trouble l'eau de chaux, le précipité formé fait de nouveau effervescence avec les acides, et la recherche est terminée. Nous sommes en présence d'un carbonate.

Si l'on n'a pas affaire à un carbonate, on se sert de la liqueur obtenue comme nous l'avons dit. Seulement on aura soin de décomposer le carbonate de soude introduit en excès, par l'acide acétique. La présence d'un petit excès d'acide acétique ne troublera pas la marche des opérations qu'il y a à faire pour arriver à trouver l'acide cherché. Mais, autant que possible, il ne faut pas introduire une quantité supérieure à celle qui est nécessaire pour la destruction du carbonate de soude, l'excès employé pouvant produire des effets de décomposition ou de dissolution qu'il faut éviter.

Action de l'hydrogène sulfuré.

Nous traiterons cette liqueur par l'hydrogène sulfuré à chaud. Il se forme un précipité de sulfure, ou bien un dépôt de soufre sans coloration sensible de la liqueur, ou un dépôt de soufre avec coloration noire de la liqueur, ou bien il n'y aura pas d'action.

I. *S'il se forme un précipité de sulfure*, nous serons en présence d'un *antimoniate*, d'un *antimonite*, d'un *stannate*, d'un *arsénite* ou d'un *arséniate*.

L'examen et la recherche de ces corps ont été traités à propos des bases. On n'a qu'à se reporter à cette étude.

II. *Il se produit un dépôt de soufre et la liqueur est colorée en noir.* Cette liqueur, additionnée d'un peu d'empois d'amidon, devient bleu intense. On a affaire, dans ce cas, à un *iodate* ou à un *periodate*.

III. *Il se forme un dépôt de soufre sans coloration bien sensible.*

Dans ce cas, il y a lieu de voir la coloration de la liqueur primitive que l'on a à examiner.

Si elle est *jaune* ou *rougeâtre*, on est en présence d'un *chromate neutre* ou *acide.* La dissolution obtenue, après le passage de l'hydrogène sulfuré, contiendra un sel de sesquioxyde de chrome. Les caractères des chromates nous permettent de nous prononcer dans ce cas. Le sulfhydrate d'ammoniaque donnera un précipité de sesquioxyde de chrome.

Si elle était *violette*, on aurait affaire à un *permanganate*.

Si elle était *verte*, on serait en présence d'un *manganate*.

Dans ces deux derniers cas, on obtiendra avec le sulfhydrate d'ammoniaque un précipité de sulfure de manganèse.

IV. S'il y a production de soufre seulement et que le sulfhydrate d'ammoniaque ne donne pas de précipité, c'est qu'on sera en présence d'un bromate qu'on retrouvera par l'azotate d'argent.

Action du chlorure de baryum.

L'hydrogène sulfuré n'agit pas sur la dissolution. On prendra, dans ce cas, une autre portion de la liqueur obtenue avec le carbonate de soude, ou bien on fera bouillir la portion qu'on a essayée avec de l'hydrogène sulfuré pour en expulser ce corps, et on ajoutera du chlorure de baryum.

S'il se forme un précipité, il y a lieu d'examiner ce précipité.

Nous essayerons d'abord s'il est soluble ou non dans l'acide chlorhydrique.

I. *S'il est complètement insoluble dans cet acide*, nous serons en présence d'*acide sulfurique*, et nous aurons à vérifier les propriétés des sulfates sur la liqueur à essayer. De plus, le précipité sera blanc et très dense.

II. S'il se dissout incomplètement, et laisse un résidu gélatineux formé d'une matière semi-transparente et agglutinée, nous aurons affaire à l'*acide silicique*.

III. S'il se dissout complètement, il faudra faire un nouvel essai. Nous évaporerons cette dissolution à siccité vers $100°$ et nous essaierons de redissoudre dans l'acide chlorhydrique le résidu.

a) S'il est complètement insoluble dans les acides, on aura affaire à un *silicate* (1).

Si le précipité d'abord obtenu se dissout dans les acides, il s'y dissout avec dégagement de gaz ou sans dégagement de gaz.

A. S'il se dissout avec dégagement gazeux, on aura affaire à un *sulfite* ou à un *hyposulfite*. Le gaz dégagé sentira l'acide sulfureux.

(1) Le *silicate de baryte*, quand il est en suspension dans beaucoup d'eau, se dissout complètement dans les acides, la silice étant soluble dans ce milieu en proportions notables.

b) Si l'on est en présence d'un *sulfite*, la dissolution sera totale.

c) Les *hyposulfites* donnent naissance à un dégagement d'acide sulfureux et à un dépôt de soufre.

B. La dissolution se fait sans dégagement gazeux, et le résidu évaporé à siccité est de nouveau soluble dans les acides. On prendra une portion de la liqueur ou plutôt du résidu solide obtenu par l'évaporation, et on le fera chauffer avec de l'acide sulfurique concentré.

d) S'il se dégage des fumées corrodant le verre, on a affaire à un *fluorure*.

Flamme verte avec l'acide sulfurique et l'alcool : *Borate*.

S'il ne se dégage pas de fumées, on essaiera de dissoudre le précipité produit dans l'acide acétique.

f) S'il est soluble dans cet acide on aura un *phosphate* (1).

g) S'il est insoluble dans l'acide acétique, on a un *oxalate*.

Il faudra, après ces recherches, comme dans toutes les autres, vérifier par l'examen des réactions secondaires, que l'on est bien en présence de l'acide trouvé par les premières recherches.

Action de l'azotate d'argent.

Ni l'hydrogène sulfuré, ni le chlorure de baryum n'ont donné de précipité avec le sel alcalin. Nous prendrons *une autre portion* de cette liqueur à essayer et nous y ajouterons de l'azotate d'argent. Nous supposons qu'il se forme un précipité. Ce précipité, nous essaierons de le dissoudre dans l'eau.

a) S'il est soluble dans beaucoup d'eau, nous aurons affaire à un *bromate*.

b) S'il est insoluble dans l'eau et s'il est noir, on aura un *sulfure*.

S'il est blanc, le plus sûr est de traiter la dissolution par un mélange de bioxyde de manganèse et d'acide sulfurique. On pourrait aussi voir la plus ou moins grande solubilité du précipité dans l'ammoniaque ; mais on pourrait se tromper dans ce dernier essai.

c) En traitant la solution par ce mélange d'acide sulfurique et

---

(1) Si l'on avait une liqueur contenant beaucoup d'acide acétique libre, on n'aurait pas de précipité avec le chlorure de baryum dans le cas d'un phosphate.

de bioxyde de manganèse, s'il se produit un dégagement de vapeurs vertes de *chlore*, on a un *chlorure*.

d) S'il se dégage des vapeurs brunes de *brome*, on a un *bromure*.

e) S'il se dégage des vapeurs violettes d'*iode* se condensant en paillettes, on a un *iodure*.

f) S'il ne se dégage pas de vapeurs colorées, on est en présence d'un *cyanure*.

Dans ce dernier cas il y a lieu de distinguer entre les différents cyanures. Nous traiterons donc une autre portion de la liqueur par le zinc en présence de l'acide chlorhydrique.

S'il se dégage de l'*hydrogène sulfuré*, on a du *sulfocyanure*.

S'il se dégage des vapeurs d'acide cyanhydrique seulement, on aura un *cyanure*.

Ici il y a lieu de distinguer encore:

Si le précipité obtenu est de couleur orangée, on aura un *ferricyanure*. Dans ce cas, avec un sel de protoxyde de fer, on aura un précipité bleu avec la liqueur primitive.

S'il est blanc et qu'avec les sels de sesquioxyde de fer, la solution primitive donne un précipité bleu, on aura un *ferrocyanure*.

Si la solution primitive ne donne pas de précipité ni avec les sels de protoxyde ni de sesquioxyde de fer, on aura un *cyanure* proprement dit.

Aucun des réactifs précédemment employés ne donne de précipité.

Dans ce cas on aura un *azotate*, un *chlorate* ou un *perchlorate*.

On fera évaporer une portion de la liqueur et on la calcinera. Si on a un chlorate ou un perchlorate, il se dégagera de l'oxygène, et il restera un résidu de *chlorure* facile à reconnaître par l'azotate d'argent. Pour distinguer ces deux acides, on fera bouillir la dissolution avec de l'acide sulfurique. Les *chlorates* donnent dans ce cas des vapeurs *colorées en rouge*; les perchlorates, des vapeurs *incolores*.

S'il ne se produit pas un dégagement d'oxygène sensible, on aura un *azotate*. Dans ce cas, la dissolution chauffée avec de l'acide sulfurique et du cuivre métallique, donnera un dégagement de bioxyde d'azote qui, à l'air, se transformera en acide hypoazotique.

6.

TABLEAU DE LA RECHERCHE D'UN

Après avoir constaté que la dissolution n'est pas un carbonate, on fait précipité que l'on enlève par filtration, et il passe une liqueur (α) qui contient par l'acide acétique ajouté jusqu'à ce qu'il ne se produise plus de dégagement

Cette dissolution, traitée par l'hydrogène sulfuré, donne :	HS, H²S; de donne rien. On ajoute Ba Cl; Ba Cl². *Il se forme un précipité.* Ce précipité est insoluble dans les acides.
1° *Un précipité de sulfure:*	*Acide sulfurique.*
$a.$ { *Étain* / *Antimoine* / *Arsenic* } à reconnaître comme bases.	Il est incomplètement soluble dans les acides, ou la dissolution évaporée à siccité laisse un résidu insoluble dans les acides.
2° *Un précipité de soufre.*	*Acide silicique*
La liqueur est colorée en noir et elle bleuit l'empois d'amidon.	Il se dissout dans les acides avec dépôt de soufre et dégagement d'acide sulfureux.
b. Acide iodique ou *periodique.*	*Acide hyposulfureux.*
Pas de coloration en noir.	Il se dissout avec dégagement de SO² sans dépôt de soufre.
La liqueur à essayer était :	*Acide sulfureux.*
Jaune ou rouge: Acide *chromique;*	Il se dissout complètement dans les acides et le résidu obtenu, après évaporation, en présence de HCl est soluble dans les acides : $a.$ Une portion de ce précipité chauffée avec SO³, HO ; SO⁴H² donne des vapeurs de HFl corrodant le verre.
Violette: Acide *permanganique;*	*Acide fluorhydrique.*
Verte: Acide *manganique.*	*b.* Pas de vapeurs; flamme verte, avec alcool.
Simple *précipité de soufre.*	*Acide borique.*
Formation de bromure.	*c.* Il ne se dégage pas de vapeurs et le précipité obtenu avec Ba Cl; Ba Cl² est soluble dans l'acide acétique.
Bromate qu'on retrouve par l'azotate d'argent.	*d. Acide phosphorique.* Insoluble dans l'acide acétique. *e. Acide oxalique.*

ACIDE UNIQUE COMBINÉ A DES BASES

bouillir cette dissolution saline avec du carbonate de soude, il se forme un l'acide combiné à des alcalis. L'excès de carbonate de soude est décomposé d'acide carbonique. Éviter un trop grand excès d'acide acétique.

HS; H²S et Ba Cl; Ba Cl² ne donnent *pas de précipité.* Une autre portion de la liqueur (α) donne un précipité avec Ag O, Az O⁵; Ag Az O³.	1. Les réactifs précédents ne donnent rien.
1. Ce précipité est soluble dans beaucoup d'eau.	On évapore une portion de la liqueur et l'on calcine le résidu.
Acide bromique.	*a.* Si dégagement de O et formation d'un chlorure après calcination :
II. Ce précipité est noir.	
Acide sulfhydrique.	*Acide chlorique ou acide perchlorique.*
III. Ce précipité ou la liqueur (α) donne avec Mn O² et SO³, HO; SO⁴H² un dégagement de vapeurs de *Cl.*	Dissolution (α) donne, avec acide sulfurique, vapeurs rouges jaunâtres.
Acide chlorhydrique.	*Acide chlorique.*
De *Br.*	Vapeurs incolores.
Acide bromhydrique.	*Acide perchlorique.*
De *Io.*	
Acide iodhydrique.	*b.* Pas de dégagement sensible d'oxygène.
IV. S'il ne se dégage ni *Cl,* ni *Br,* ni *Io,* on fera chauffer avec Zn et HCl.	*Acide azotique.*
d. Il se dégage HS; H²S.	*Cu* et SO³, HO; SO⁴H² donnent à chaud des vapeurs rouges d'acide hypoazotique en présence de l'air.
Sulfocyanure.	
b. Il se dégage HCy seulement. Si *Ferrocyanures,* précipité bleu avec les sels de sesquioxyde de fer. Si *Ferricyanures,* précipité bleu avec les sels de protoxyde de fer. Si *Cyanures,* rien avec ces deux réactifs séparés.	

RECHERCHE DE PLUSIEURS ACIDES CONTENUS
DANS UNE DISSOLUTION SALINE.

La recherche et la séparation des acides qui peuvent être contenus dans une dissolution saline est, en général, assez délicate. Ce n'est, le plus souvent, que grâce à des essais longs et minutieux, que l'on arrive à trouver et surtout à séparer les acides quand ils sont mélangés en grand nombre. L'application d'une méthode de séparation générale, comme pour la recherche des bases, est toujours longue et difficile. Mais on a le plus souvent à résoudre des cas particuliers assez simples d'un problème qui, pris dans toute sa généralité, serait très ardu. Dans la plupart de ces cas particuliers, en appliquant, d'une façon convenable, la méthode générale que nous allons suivre, on arrive assez facilement à trouver et à séparer les acides que l'on a à rechercher, ou du moins à les caractériser d'une façon certaine.

Nous supposerons que les acides à rechercher sont combinés à des bases alcalines. Quand ces acides sont combinés à d'autres bases, on se débarrasse de ces bases en faisant bouillir la dissolution saline à examiner avec du carbonate de soude. Il se forme un précipité qui est un mélange d'oxydes et de carbonates, et il reste une dissolution qui, séparée par filtration du précipité, contient les acides combinés à des alcalis. Cette dissolution peut aussi contenir un petit excès de carbonate de soude. Ce carbonate de soude en excès, il faut se souvenir qu'on peut l'avoir introduit dans cette opération; si donc on trouve des carbonates dans l'analyse que l'on fait, il faut vérifier, en opérant sur une portion de la matière non encore traitée par le carbonate de soude, s'il y a des carbonates ou non dans la substance devant être examinée.

Dans le cas de la recherche des acides, comme dans celle des bases, nous séparerons, au moyen de réactifs convenables, les différents acides, d'abord par groupes, et ensuite, dans ces groupes, nous déterminerons les différents acides.

Nous traiterons d'abord la liqueur que nous appelons (α), par le chlorure de baryum en ayant soin d'y ajouter ce réactif seulement jusqu'au moment où la précipitation ne se fait plus. On reconnaît qu'on est arrivé à ce point en faisant déposer le précipité formé, et, au besoin, en facilitant la formation du dépôt par une élévation de température, et ajoutant quelques gouttes du réactif très étendu. Tant que la liqueur se trouble il faut ajouter du réactif.

Le précipité produit (A) est jeté sur un filtre et comprimé entre des papiers de façon à ce qu'on enlève le liquide interposé. La liqueur (β) qui passe est traitée à part.

Examen du précipité (A) obtenu avec le chlorure de baryum.

Une portion de ce précipité est introduit dans un tube à essai, muni d'un tube abducteur (fig. 27), avec de l'acide chlorhydrique.

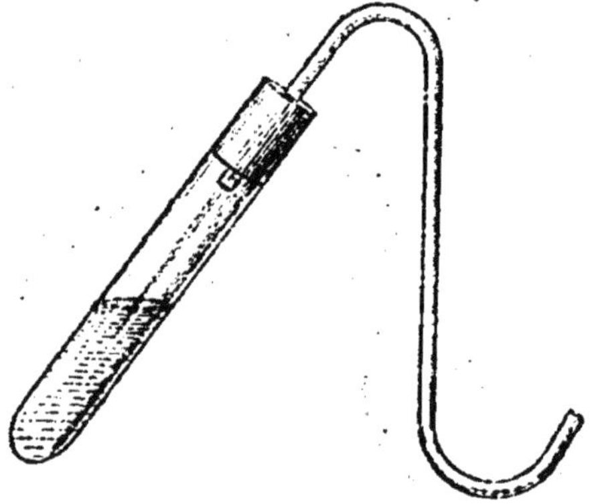

Fig. 27.

S'il se dégage un gaz, on fera passer ce gaz dans un premier tube contenant de l'eau, puis dans un deuxième contenant une dissolution de chaux ou de baryte. Les gaz qui se dégagent sont de l'acide sulfureux ou bien de l'acide carbonique, ou un mélange de ces deux gaz. L'acide sulfureux sera dissout dans le premier tube, l'acide carbonique passera en partie dans le deuxième tube et troublera l'eau de chaux qu'il contient. La présence de l'acide sulfureux pourra être reconnue à l'odeur de ce gaz ou de sa dissolution. En tous cas, la dissolution contenue dans le premier tube, bouilli avec un peu d'acide azotique, donnera naissance à de l'acide sulfurique que l'on reconnaîtra avec un sel soluble de baryte (chlorure ou azotate).

Après l'attaque de la matière (A) par l'acide chlorhydrique et l'opération que nous venons d'indiquer, il restera dans le tube où a été faite l'expérience :

1° Un précipité (a),

2° Une dissolution (α_1),

qui seront séparés par filtration.

Examen du précipité (a).

Ce précipité pourra se composer d'un mélange de *silice* provenant d'un silicate, de *sulfate de baryte* provenant d'un sulfate, et de *soufre* provenant d'un hyposulfite, ou sera formé d'un seul de ces corps.

1° Pour reconnaître ces substances, on prendra une petite quantité de ce précipité, et on le traitera par l'acide fluorhydrique sur du platine. S'il se forme des fumées qui, au contact de platine humecté d'eau, abandonnent de la silice, on sera en présence d'un silicate;

2° Une autre portion de ce précipité chauffé avec un peu de salpêtre fournira une matière qui, reprise par l'eau, donnera une dissolution précipitable par l'azotate de baryte. Dans ce cas il sera produit, par l'oxydation du soufre, par le salpêtre, du sulfate de potasse. On aura donc eu un hyposulfite dans le mélange à examiner.

3° Une autre portion, calcinée dans un creuset avec un peu de charbon humecté d'huile ou d'un corps organique non volatil (sucre, amidon, etc.), donnera une substance qui, placée sur une pièce d'argent humectée d'eau, formera une tache noire de sulfure d'argent. Dans ce cas, on a eu dans le précipité (a) du sulfate de baryte provenant d'un sulfate soluble.

Examen de la liqueur (α_1) provenant de la précipitation au moyen du chlorure de baryum et dissoute dans l'acide chlorhydrique.

Dans cette liqueur, on commencera par enlever, au moyen de l'acide sulfurique, la baryte qui y est contenue. Il se formera un précipité de sulfate de baryte que l'on enlèvera par filtration, et dans la liqueur filtrée on fera passer un courant d'hydrogène sulfuré.

Il se formera un précipité de sulfures d'arsenic, d'étain et d'antimoine provenant des acides arsénieux, arséniques, stannique, antimonieux et antimonique combinés aux bases alcalines. Il a également pu se produire un dépôt de soufre dû à la décomposition de l'hydrogène sulfuré par un certain nombre d'acides réductibles, tels que les acides iodique, chromique, manganique et permanganique.

On enlève par filtration le précipité (c) produit. Ce précipité sera examiné à part en suivant la marche qui a été indiquée à propos de la recherche des bases.

Quant à la liqueur (β_2) qui passe, on commence par rechercher si elle ne contient pas d'iode provenant d'un iodate (1). On y ajoutera une trace d'empois d'amidon qui produira une coloration intense.

Si elle contient de l'iode, on l'agitera avec un peu d'éther. L'éther dissoudra l'iode et se rassemblera coloré en brun au-dessus du liquide. On le décantera en versant le tout dans un entonnoir dont le col est effilé et préalablement bouché, ou dans un entonnoir muni d'un robinet (fig. 28). Le liquide sera séparé, après repos, de l'éther coloré.

Dans cette dissolution, débarrassée de l'iode par l'éther, on ajoutera de l'ammoniaque après addition de chlorhydrate d'ammoniaque. Si la matière à analyser contenait un chromate, l'acide chromique aura été réduit par l'hydrogène sulfuré et sera passé à l'état de sesquioxyde de chrome séparable par l'ammoniaque.

La liqueur filtrée et additionnée de sulfhydrate d'ammoniaque donnera un dépôt de sulfure de manganèse, couleur de chair, si la

Fig. 28.

liqueur primitive contenait un manganate ou un permanganate. Quant à la nature véritable de l'acide contenu dans la matière à analyser, il faudra la rechercher sur la dissolution primitive. On se servira pour cela des caractères secondaires des acides ci-dessus énumérés, acides pouvant se trouver dans la liqueur.

La dissolution qui reste ne contiendra plus alors que des borates, des fluorures, des phosphates et des oxalates avec du sulfhy-

____

(1) Dans ce cas la liqueur sera plus ou moins colorée en brun.

drate d'ammoniaque et du chlorhydrate d'ammoniaque. On chassera, par ébullition, l'excès de sulfhydrate d'ammoniaque, et l'on filtrera la liqueur pour se débarrasser du soufre qui a pu se produire.

Pour rechercher les acides contenus encore dans cette dissolution on opérera sur des portions distinctes de la même dissolution filtrée.

Une portion de cette dissolution sera évaporée à siccité et additionnée d'une goutte d'acide sulfurique, puis d'alcool. On agitera le mélange et on y mettra le feu. Si la liqueur contient de l'acide borique, il se produira une flamme verdâtre, flamme surtout visible dans un endroit peu éclairé.

Une autre portion sera chauffée; si, après avoir été amenée à siccité, elle donne, avec de l'acide sulfurique pur, des fumées d'acide fluorhydrique corrodant le verre, on aura *un fluorure*.

Une dernière portion sera additionnée d'un sel de chaux soluble après avoir été rendue neutre. Il se formera dans ce cas un précipité qui peut être un mélange de phosphate et d'oxalate de chaux.

Ce précipité sera mis en (lion avec de l'acide acétique. Si tout se dissout, on sera en présence d'un phosphate, ce que l'on reconnaîtra avec les réactifs spéciaux de l'acide phosphorique.

Si rien ne se dissout, on aura affaire à un oxalate.

Si une portion seulement se dissout, ce que l'on reconnaît en filtrant la liqueur et versant dans le liquide qui passe de l'ammoniaque jusqu'à neutralité, on sera en présence d'un oxalate et d'un phosphate.

Examen de la liqueur (β).

Remarque. — Dans cette liqueur, on peut avoir introduit un excès de chlorure de baryum. Il ne gênera pas en général les recherches. Seulement il faudra nous souvenir que nous avons introduit de l'acide chlorhydrique dans nos liqueurs. Si dans la méthode que nous allons indiquer, nous trouvons des chlorures, il faudra voir s'il ne provient pas du chlorure de baryum introduit. On précipitera les acides dont nous avons parlé jusqu'ici, au moyen de l'azotate de baryte, ou l'on recherchera directement le chlore dans la matière qui n'a encore subi aucun traitement, pour savoir si le chlore trouvé ne provient pas du chlorure de baryum introduit.

On ajoutera à une portion de cette liqueur de l'azotate d'argent jusqu'à ce qu'il ne se produise plus de précipité. On aura ainsi un précipité (B) que l'on séparera par filtration, après avoir chauffé pendant quelque temps la liqueur (γ).

Examen du précipité (B).

Ce précipité peut être assez complexe et il est souvent assez difficile de distinguer sur ce précipité toutes les matières qu'il contient. Ce précipité peut en effet tenir à la présence, dans la liqueur (B), des sels suivants :

Sulfures.	*Cyanures.*
Sulfocyanures.	*Iodures.*
Ferrocyanures.	*Bromures.*
Ferricyanures.	*Chlorures.*

Ce n'est que grâce à des méthodes longues qu'on arrive à reconnaître et à séparer ces substances. Cependant on arrive à les caractériser assez rapidement dans la plupart des cas qui se présentent dans la pratique, ces substances se trouvant rarement toutes ensemble.

Si le précipité donné par l'azotate d'argent est noir ou noirâtre, on est sûr qu'on a des sulfures dans la liqueur à examiner. S'il est blanc on n'a pas de sulfures.

Quoiqu'il en soit, on prend une portion de ce précipité et on le met avec du zinc et de l'acide sulfurique dans un petit ballon portant un tube à sa suite, et que l'on chauffe doucement. Dans ces conditions, il se dégage un mélange de gaz qui peut être formé par l'acide sulfhydrique et par l'acide cyanhydrique. On reçoit les gaz qui se dégagent dans de l'eau distillée, et on examine la dissolution obtenue.

Les gaz pris séparément peuvent être reconnus à leur odeur. Quand ils sont mélangés, l'odeur de l'hydrogène sulfuré sera en général prédominante.

L'hydrogène sulfuré peut provenir de sulfures ou de sulfocyanures.

L'acide cyanhydrique, des cyanures quels qu'ils soient.

Pour caractériser ces deux corps, on versera dans une portion de la dissolution de l'acétate de plomb. S'il se forme un précipité noir, on le séparera par filtration, et l'on a affaire à des sulfures ou à des sulfocyanures.

A la liqueur filtrée on ajoutera, après avoir enlevé par l'acide sulfurique l'excédent du sel de plomb introduit, de la potasse, puis un mélange d'un sel de protoxyde et d'un sel de sesqui-oxyde de fer. Il se produira un précipité sale, mélange d'hydrate de sesquioxyde de fer et de bleu de Prusse. L'addition d'acide chlorhydrique produira la dissolution de l'hydrate d'oxyde de fer, et il ne restera que du bleu de Prusse.

Pour savoir de quels corps proviennent l'acide sulfhydrique et l'acide cyanhydrique reçus dans l'eau, il faudra essayer une por-tion de la liqueur (β) dans laquelle on n'a pas encore introduit de sel d'argent. Les caractères secondaires des différents acides permettront de reconnaître les substances auxquelles on a affaire.

Ainsi, la présence des sulfures sera dénotée par la production d'un précipité noir avec les sels de plomb.

La présence des sulfo-, ferro- et ferri-cyanures, et des cyanures sera caractérisée par les sels de fer employés comme il a été dit à propos des caractères de ces acides.

Le résidu qui reste dans le ballon est laissé en contact d'un excès de zinc. Les sels d'argent ont été décomposés. Il s'est pro-duit de l'argent métallique, et l'on a une liqueur qui contient du sulfate, du chlorure, du bromure et de l'iodure de zinc.

On peut reconnaître ces trois derniers corps par l'un des pro-cédés suivants :

1ᵉʳ *procédé.* — On fait arriver dans la liqueur de l'acide hypo-azotique exempt d'acide azotique. Le chlorure et le bromure n'éprouvent aucune altération. L'iode est mis en liberté et colore la liqueur en brun ; on l'enlève par l'agitation avec un peu de chloroforme. Pour isoler le brome, on traite le liquide séparé du chloroforme par un léger excès d'acide sulfurique et d'acide ni-trique ; le brome est mis en liberté et enlevé également avec du chloroforme. Puis, à la liqueur, on ajoute du nitrate d'argent. S'il se forme un précipité blanc, on a du chlore dans la liqueur. Seulement il faudra avoir soin de rechercher si le chlore trouvé ne provient pas du chlorure de baryum intro-duit.

2ᵉ *procédé.* — On ajoute à la liqueur quelques gouttes d'une dissolution d'acide sulfureux et du sulfate de cuivre.

L'iode est précipité à l'état de sous-iodure de cuivre insoluble, d'où on pourra l'isoler par les procédés connus. A la liqueur filtrée on ajoute de l'eau de chlore par petites portions. Le brome est mis en liberté et peut être caractérisé en l'enlevant avec de l'éther, du chloroforme ou du sulfure de carbone.

Une autre portion de la liqueur est traitée, après avoir été concentrée, par du chromate de potasse et de l'acide sulfurique. S'il se dégage un liquide rouge semblable à du brome, on le recueillera dans l'ammoniaque. Dans le cas où l'on est en présence de chlorures, ce liquide rouge, qui est de l'acide chlorochromique, donnera un mélange de chlorhydrate d'ammoniaque et de chromate d'ammoniaque. — Le chromate sera caractérisé dans la liqueur neutre par un sel de plomb ou de baryte qui donnera du chromate jaune de plomb ou du baryte peu solubles à chaud et à froid dans une liqueur neutre, tandis que le brome ou l'iode qui auraient distillé ne donneront pas cette réaction.

Du reste, avant de faire ces opérations, il faudra rechercher par l'eau de chlore si réellement on a affaire à un mélange de ces trois corps.

Examen de la liqueur (γ).

Cette liqueur contiendra les chlorates, perchlorates, bromates et azotates, ainsi qu'un excès d'azotate d'argent.

On se débarrassera de l'argent par du carbonate de soude ou par l'acide chlorhydrique. Une portion de la liqueur obtenue sera évaporée à siccité, et le résidu mélangé avec du charbon sera calciné. Il se formera ainsi du chlorure et du bromure de sodium mélangé à du carbonate de soude.

La masse dissoute dans l'eau donne, après filtration, un liquide qui sera examiné comme un mélange contenant plusieurs acides, et ne renfermant plus que des chlorures, des bromures et des carbonates.

Dans cette opération, les azotates ont été détruits. Du reste, nous avons introduit de l'acide azotique dans la liqueur par l'emploi de l'azotate d'argent.

Pour rechercher l'acide azotique, nous nous servirons de la liqueur (α). Une portion de cette liqueur, chauffée avec de l'acide sulfurique et du cuivre métallique, donnera naissance à un dégagement de vapeurs rutilantes si l'on a des azotates. On peut encore caractériser dans la liqueur l'acide azotique au moyen des autres réactifs indiqués à propos des azotates.

On fera bouillir la dissolution avec du carbonate de soude ajouté par petites portions jusqu'à ce que le précipité cesse de se produire. On séparera, par filtration, le précipité produit et qui contient les bases autres que les bases alcalines, de la liqueur (α) contenant, combinés aux bases alcalines, les acides à rechercher.

A la liqueur (α) on ajoutera du chlorure de baryum jusqu'à ce qu'il ne se produise plus de précipité. Le précipité A sera séparé par filtration de la dissolution (β).

Précipité A.

Une portion de ce précipité est attaquée par HCl et les gaz produits recueillis dans un peu d'eau de chaux.
Si cette eau se trouble : *Acide carbonique.*
(Il faut vérifier sur la dissolution non traitée par le carbonate de soude s'il y a bien des carbonates dans la liqueur.)
Si cette eau bouillie avec de l'acide azotique est troublée par le chlorure de baryum : *Acide sulfureux.*

Après attaque par HCl il reste un précipité (*a*) et une liqueur (β₁).

Précipité (*a*) :
1° Une portion chauffée avec HFl sur une lame de platine donne des vapeurs de fluorure de silicium : *Acide silicique.*
2° Une autre portion chauffée avec du salpêtre donne une matière qui, reprise par l'eau, est précipitée par le chlorure de baryum : *Acide hyposulfureux.*
3° Une autre portion chauffée avec du charbon donnera un sulfure soluble dans l'eau : *Acide sulfurique.*

Liqueur (β₁) :
On en enlèvera la baryte par l'acide sulfurique, puis elle est évaporée à siccité pour rendre la silice, s'il y en a, insoluble. Il reste un résidu insoluble dans HCl : *Acide silicique.*
La liqueur chlorhydrique sera traitée par l'hydrogène sulfuré.
Il se forme un précipité qui sera formé de : *Soufre, Sulfure d'arsenic, d'étain et d'antimoine* : Acides de *l'arsenic, de l'étain, de l'antimoine.*

Les sulfures seront reconnus comme il a été dit à propos des bases. Les acides seront reconnus sur la liqueur primitive.
La liqueur (β₂) filtrée est brune et bleuit l'empois d'amidon : *Iodates.*
L'iode sera enlevé avec éther ou chloroforme.
Puis on y versera AzH^4Cl et de l'ammoniaque après avoir chassé l'hydrogène sulfuré.
Précipité de Cr^2O^3 : *Acide chromique.*
La liqueur restant sera traitée par le sulfhydrate d'ammoniaque
Précipité de sulfure de manganèse : *Acides manganique et permanganique.*
La liqueur (β₃) qui reste sera débarrassée par l'ébullition du sulfhydrate d'ammoniaque, puis filtrée pour enlever le soufre.

Une portion évaporée à siccité est traitée par l'acide sulfurique. Il se dégage des vapeurs corrodant le verre. *Acide fluorhydrique.*
Après dégagement des vapeurs on ajoute de l'alcool, on remue et l'on enflamme l'alcool. Flamme verte : *Acide borique.*

Une autre portion de la liqueur (β₃) est additionnée de chlorure de calcium.
Une portion du précipité additionnée d'acide acétique est insoluble dans cet acide : *Acide oxalique.*
Une portion est soluble et est précipitée par l'ammoniaque : *Acide phosphorique.*

Liqueur (β).
Cette liqueur traitée par l'azotate d'argent donne un précipité (B) et une liqueur (γ).

Précipité (B).
Ce précipité est traité par le zinc et l'acide sulfurique. Les gaz qui se dégagent sont recueillis dans l'eau. Cette eau sent l'hydrogène sulfuré et est noircie par les sels de plomb et les sels d'argent : *Sulfures et sulfocyanures.*
Ce que l'on cherchera avec la liqueur (β).
On enlève le sulfure produit avec un sel de plomb destiné à se débarasser de HS ; H^2S et l'on ajoute à la liqueur claire de la potasse, un mélange de sels de protoxyde et de sesquioxyde de fer et de l'acide chlorhydrique.
Précipité bleu : *Cyanures, Sulfocyanures, Ferrocyanures* ou *Ferricyanures,* que l'on reconnaitra avec la liqueur (β).
La liqueur qui reste après traitement du précipité (B) par le zinc et l'acide sulfurique contient le *brome,* l'*iode* et le *chlore* de la liqueur (α) et le chlore introduit.
Le chlore, il faudra le rechercher sur une portion de la liqueur (α).
Une portion de cette liqueur sera traitée par l'acide sulfureux et le sulfate de cuivre.

Précipité : *Acide iodhydrique.*
La liqueur séparée de ce précipité donnera avec le chlore une liqueur rouge : *Acide bromhydrique.*

Nota. — La recherche séparée *du chlore, du brome et de l'iode* de la liqueur (α) peut se faire sur une petite quantité au moyen de l'acide sulfurique et le bioxyde de manganèse.
S'il se dégage un gaz vert : *Chlore.*
Un *liquide rouge* : *Brome.*
Des vapeurs *violettes* se condensant en paillettes : *Iode.*

Liqueur (γ).
Cette liqueur est débarrassée par HCl de l'azotate d'argent, puis évaporée à siccité et le résidu est calciné.

Il se dégage de l'oxygène, et le résidu est un mélange de chlorure, de bromure et d'azotate.
Si Br dans ce résidu : *Acide bromique.*
Si Cl : *Acide chlorique* ou *perchlorique.*

On recherchera l'acide *azotique* dans la dissolution (α) au moyen du cuivre et de l'acide sulfurique
Si dégagement de bioxyde d'azote : *Acide azotique.*

SUBSTANCES NON SOLUBLES DANS L'EAU

Nous avons supposé jusqu'à présent, au moins d'une façon implicite, que la substance à analyser est soluble dans l'eau.

Souvent on a affaire à une substance seulement partiellement soluble, ou tout à fait insoluble dans l'eau. On essaiera donc l'action de l'eau. Pour voir si cet agent dissout une portion de la matière à examiner, on chauffera cette matière avec de l'eau, on filtrera une portion du liquide, et on l'évaporera. S'il reste un résidu solide, on continuera l'action de l'eau jusqu'à ce que toutes les portions solubles soient enlevées, et la dissolution obtenue sera analysée à part. On aura ainsi fait une première séparation des matières soumises à l'analyse.

Le résidu insoluble dans l'eau sera attaqué par l'acide chlorhydrique étendu et chaud. Cet acide dissout un certain nombre d'oxydes sans dégagement gazeux. Il rend solubles, en les décomposant, un certain nombre de sels, phosphates, oxalates, borates, etc. Certains silicates sont attaqués avec dépôt de silice. Plusieurs métaux, fer, zinc, etc., sont rendus solubles avec dégagement d'hydrogène, et la production de ce gaz nous donnera déjà des indications sur la nature probable de ces métaux. Enfin, certains sels sont décomposés avec production de gaz. Ainsi les carbonates seront attaqués avec dégagement d'acide carbonique; les sulfites donneront de l'acide sulfureux; les hyposulfites, de l'acide sulfureux et un dépôt de soufre. Certains sulfures donneront naissance à un dégagement d'acide sulfhydrique, etc. Les gaz dégagés seront examinés, et la dissolution obtenue sera séparée, par filtration, du résidu insoluble, et soumise à un examen spécial.

Si l'acide chlorhydrique ne dissout pas ou dissout seulement partiellement la matière à examiner, on traitera le résidu insoluble, bien débarrassé de l'acide chlorhydrique qui l'imprègne, par l'acide azotique.

Pour l'action de l'acide azotique, il y a à faire les mêmes remarques que celles que nous avons faites à propos de l'acide chlorhydrique. Cet acide attaquera certaines substances inattaquables par l'acide chlorhydrique avec dégagement de gaz, bioxyde d'azote, etc., production de précipités insolubles dans l'acide et d'une dissolution, etc. Il faudra examiner à part les précipités et les dissolutions.

L'eau régale (mélangée en proportions variables d'acide chlorhydrique et d'acide azotique) permettra de dissoudre certaines substances. La dissolution produite sera encore mise à part et examinée.

Il y a enfin certaines substances qui ne sont attaquées par aucun acide. Dans ce cas, il faudra recourir à certains procédés spéciaux d'analyse qui n'ont rien de général et dont la description ne rentre pas dans le cadre de cet ouvrage, destiné à faciliter seulement les recherches les plus simples.

On peut seulement dire, d'une façon générale, qu'en faisant fondre la plupart des substances inattaquables par les acides avec un mélange de carbonate de soude et de carbonate de potasse, dans un creuset de platine, on produit une matière qui est attaquable par l'eau et par les acides. Cette matière, après avoir été traitée par l'eau qui enlève certains principes, laisse un résidu en général attaquable par les acides. La dissolution aqueuse et la dissolution acide examinées, comme nous l'avons dit pour la recherche des bases et pour celle des acides, pourront, par leur analyse, nous amener à la connaissance complète de la substance à examiner.

D'autres corps enfin ne peuvent être attaqués que par la potasse en fusion, ou par le bisulfate de potasse au rouge, ou par le charbon seul, ou par le charbon en présence du chlore, etc. Mais, nous le répétons, l'essai de ces corps n'est fait en général que par des personnes déjà versées en analyse et non par des débutants.

Enfin il est bon de signaler quelques cas de dissolutions dont nous n'avons pas parlé, et qui cependant doivent être connus.

Ainsi supposons qu'on ait affaire à une dissolution de chlorure d'argent dans l'ammoniaque ou dans l'acide chlorhydrique. L'addition d'un acide ou de l'eau à cette dissolution produit un précipité de chlorure d'argent.

De même, si l'on avait certains mélanges, tels que du perchlorure de fer et du ferricyanure de potassium, en ajoutant à ce mélange de l'hydrogène sulfuré, on aurait un précipité bleu qui tiendrait à la réduction du sel de sesquioxyde de fer. Mais ce sont là des cas particuliers que nous croyons bon de signaler, et qui n'échapperont pas une fois qu'on sera au courant des premières difficultés de l'analyse.

ANALYSE DES SUBSTANCES GAZEUSES

ANALYSE DES GAZ

La recherche des gaz mélangés d'une façon quelconque, est des plus délicates. Nous nous proposons ici de donner seulement les caractères des gaz le plus souvent employés, et d'indiquer comment on peut reconnaître quelques mélanges simples.

Caractères de l'hydrogène sulfuré.

Odeur. Œufs pourris.

Eau. Dissout lentement ce gaz; par l'agitation, l'action est plus rapide. La dissolution précipite en noir les sels de plomb.

Potasse. Dissolution avec production de sulfure de potassium, qui avec les sels de plomb, donne un précipité noir.

Flamme. Brûle avec formation d'acide sulfureux et de vapeur d'eau. Si l'ouverture de l'éprouvette est étroite, il y a dépôt de soufre.

Ce gaz n'est pas recueilli sur le mercure qu'il attaque. On peut le recueillir sur l'eau saturée de ce gaz, puis le conserver dans des appareils bouchés.

Caractères du cyanogène.

Odeur. Odeur forte rappelant celle du kirsch ou des feuilles de pêcher écrasées.

Eau. Dissout lentement, plus vite par l'agitation.

Potasse. Dissout avec production d'un cyanure qui, après addition d'acide chlorhydrique et d'un mélange d'un sel de protoxyde et d'un sel de sesquioxyde de fer, donne du bleu de Prusse.

Flamme. Brûle avec une couleur rouge violacé et avec production d'eau, d'acide carbonique et d'azote.

Ce gaz est recueilli sur le mercure. On peut le recueillir rapidement sur l'eau, et le conserverquel que temps dans des flacons bouchés avec soin.

Caractères de l'acide sulfureux.

Odeur. Piquante, que l'on sent quand on fait brûler une allumette soufrée.

Eau. Dissout instantanément.

Potasse. Dissout avec production d'un sulfite.

Flamme. Est éteinte.

Ce gaz ne peut être recueilli que sur le mercure.

Caractères du gaz ammoniac.

Odeur. Piquante et caractéristique.

Eau. Dissout instantanément.

Potasse. N'agit que par l'eau qui la dissout; avec des liqueurs concentrées, la dissolution est faible.

Flamme. Est éteinte.

Teinture de tournesol rouge. Bleuit instantanément.

Dissolutions acides ou gaz acides. Combinaison immédiate et, en général, production de fumées

Ne peut être recueilli que sur le mercure.

Caractères de l'acide chlorhydrique.

A l'air, répand des fumées.

Odeur. Très piquante.

Eau. Dissolution immédiate.

Potasse. Dissolution instantanée et formation d'un chlorure.

Flamme. Éteinte.

Teinture de tournesol bleue. Rougie fortement.

Ce gaz ne peut être recueilli que sur le mercure.

Caractères de l'acide carbonique.

Odeur. Faible, légèrement piquante.

Eau. Dissout lentement, plus vite par l'agitation.

7.

Potasse. Dissout avec production de carbonate de potasse.

Eau de chaux ou de baryte. Précipité de carbonate de chaux ou de baryte. Si l'on emploie peu d'eau de chaux, le précipité de carbonate de chaux se dissout dans un excès de gaz avec production de bicarbonate de chaux soluble.

Flamme. Est éteinte.

Teinture de tournesol bleue. Est rougie faiblement (couleur de vin). Un papier de tournesol bleu est rougi. Par la dessiccation, et surtout par une élévation de température, il redevient bleu.

Ce gaz peut être recueilli sur l'eau et conservé dans des flacons bouchés. On peut le recueillir sur le mercure.

Caractères du chlore.

Odeur. Suffoquante, irritant fortement les muqueuses.
Couleur. Verdâtre.
Eau. Dissout surtout par l'agitation.
Potasse. Dissout avec production de chlorure de potassium et d'hypochlorite ou de chlorate de potasse, suivant le degré de concentration.
Flamme. Éteinte.

Ce gaz ne peut être recueilli sur le mercure. On peut le recueillir rapidement sur l'eau et le conserver dans des flacons bouchés.

Caractères de l'hydrogène.

Odeur. Point, quand il est pur. Impur, il a une odeur fétide rappelant un peu l'odeur de l'hydrogène sulfuré.
Eau. Pas d'action.
Potasse. Pas d'action.
Flamme. Brûle sans couleur en ne donnant que de l'eau. De plus, si au moment d'approcher l'éprouvette de la flamme on l'a inclinée tant soit peu, il se produit, au moment de l'inflammation, une petite détonation tenant à la rapide diffusion de l'hydrogène dans l'air. La couleur pâle de la flamme et la production d'une faible détonation sont caractéristiques.

Caractères de l'oxyde de carbone.

Odeur. Point.
Eau. Très peu soluble.

Potasse. Sans action à froid.

Flamme. Brûle avec une flamme bleue caractéristique, avec production d'acide carbonique.

Sous-chlorure de cuivre ammoniacal. Dissout l'oxyde de carbone.

Caractères de l'hydrogène bicarboné ou éthylène.

Odeur. Spéciale; (empyreumatique).

Eau. Peu soluble.

Potasse. Pas d'action.

Flamme. Brûle avec éclat, comme le gaz d'éclairage dont il est un des principes constituants, mais laisse déposer du charbon quand il brûle dans une éprouvette un peu étroite. Les produits de sa combustion sont de l'acide carbonique et de l'eau.

Chlore. Combinaison rapide avec production d'une huile jaunâtre, qui est la liqueur des Hollandais.

Brome. Est décoloré quand on l'agite avec ce gaz et il tombe au fond de l'eau un liquide huileux.

Caractères de l'hydrogène protocarboné ou formène.

Odeur. Point.

Eau. Ne le dissout pas.

Potasse. Sans action.

Flamme. Brûle avec une flamme peu éclairante et ne dépose pas de charbon en brûlant. Il se forme de l'acide carbonique et de l'eau dans cette combustion.

Chlore et brome. Pas d'action à la lumière diffuse.

Caractères de l'acétylène.

Odeur. Odeur forte et désagréable qui se sent chaque fois qu'on fait brûler le gaz d'éclairage, par exemple, d'une façon incomplète, ou bien quand une lampe fume.

Eau, potasse. Pas d'action.

Flamme. Brûle avec une flamme éclairante et laisse déposer du charbon.

Sous-chlorure de cuivre ammoniacal. Précipité, rouge brique d'acétylure de cuivre, caractéristique.

Chlore. Action lente sous l'influence de la lumière.

Caractéres de l'azote.

Odeur. Point.
Eau, potasse. Pas d'action.
Flamme. Éteint les corps en combustion.
Eau de chaux. Pas de précipité.
On le voit, toutes les réactions de ce gaz sont négatives.

Caractéres du bioxyde d'azote.

Odeur. Inconnue. A l'air, se transforme en vapeurs rouges d'acide hypoazotique.
Eau. Dissout lentement.
Potasse. Pas d'action.
Flamme. Ne brûle pas et entretient difficilement la combustion.
Oxygène et air. Le trait caractéristique de ce gaz est de se convertir en acide hypoazotique, en présence des moindres traces d'oxygène.
Sulfate de protoxyde de fer. Absorption et coloration brune.

Caractéres de l'oxygène.

Odeur. Point.
Eau. Peu soluble.
Potasse. Point d'action.
Flamme. Ne brûle pas.
Corps combustibles. Rallume une allumette présentant quelques points en ignition. Forme, avec la plupart des gaz combustibles, des mélanges détonants.
Acide pyrogallique et potasse. Absorption immédiate et coloration brune.
Bioxyde d'azote. Donne, avec ce corps, des vapeurs rutilantes d'acide hypoazotique, ce qui le distingue du protoxyde d'azote.

Caractéres du protoxyde d'azote.

Odeur. Point.
Eau. Légèrement soluble.
Potasse. Pas d'action.

Flamme. Ne brûle pas.

Bioxyde d'azote. Pas d'action, ce qui le distingue de l'oxygène.

Corps combustibles. Rallume une allumette en ignition et permet, comme l'oxygène, la combustion d'un grand nombre de substances.

Acide pyrogallique et potasse. Pas d'action.

MARCHE A SUIVRE POUR RECONNAITRE LA NATURE D'UN GAZ.

Pour faire cette recherche, on est guidé par les propriétés assez nettes des différents gaz auxquels on peut avoir affaire. Il est impossible de trouver préparés des mélanges gazeux faits d'une façon quelconque. Certains gaz sont solubles dans l'eau et ne peuvent être maniés que sur la cuve à mercure ; d'autres attaquent le mercure et sont difficilement maniables sur l'eau. Ainsi, quand un gaz sera préparé en présence de l'eau, on sera sûr, par exemple, de n'avoir ni acide chlorhydrique, ni gaz ammoniac, ni acide sulfureux. Sur le mercure, on ne trouvera pas de chlore ni d'hydrogène sulfuré.

Quant à la marche à suivre pour reconnaître les différents gaz quand ils sont seuls, elle est des plus simples :

I

On fera passer dans une petite éprouvette, placée sur la cuve à mercure ou sur la cuve à eau, quelques centimètres cubes du gaz, et on examinera l'action de la potasse. Si ce gaz est sur l'eau, on introduira un fragment de potasse caustique dans l'éprouvette, qu'on bouchera rapidement avec le doigt, et on agitera. Si le gaz est sur la cuve à mercure, on introduira la potasse en dissolution avec une pipette recourbée.

Si le gaz est absorbé, on aura :

$HS = H^2S$	HCl (1)	Cl
$C^2Az = CAz$	SO^2	CO^2
	AzH^3	

(1) Ces trois gaz sont immédiatement dissous par l'eau.

Pour distinguer ces gaz, on en approchera une autre portion d'une bougie enflammée.

Si le gaz brûle avec une flamme bleuâtre et répand une odeur infecte, on aura de l'hydrogène sulfuré.

Si le gaz brûle avec une flamme couleur de pourpre, ce sera du cyanogène.

Si le gaz n'est pas combustible, mais fume à l'air et est très acide, on aura de l'acide chlorhydrique.

Le gaz ammoniac se reconnaîtra facilement à son odeur.

L'acide sulfureux de même.

Le chlore se reconnaîtra à son odeur et à sa couleur.

Quant à l'acide carbonique, il trouble l'eau de chaux.

II

Le gaz n'est pas absorbable par la potasse. On en approchera une petite portion d'une flamme.

Le gaz est combustible ou il ne l'est pas.

Si le gaz est combustible, on aura :

$$H$$
$$CO$$
$$C^2H^4 = \boldsymbol{6}H^4$$
$$C^4H^4 = \boldsymbol{6}^2H^4$$
$$C^4H^2 = \boldsymbol{6}^2H^2$$

L'hydrogène se reconnaît à ce qu'il brûle avec une flamme incolore, en produisant une faible détonation.

L'oxyde de carbone brûle avec une flamme bleue et sans odeur.

Le formène ($C^2H^4 = \boldsymbol{6}H^4$) brûle avec une flamme éclairante, mais pâle, et ne donne pas de dépôt de charbon.

L'éthylène ($C^4H^4 = \boldsymbol{6}^2H^4$) et l'acétylène ($C^4H^2 = \boldsymbol{6}^2H^2$) peuvent se distinguer l'un de l'autre par leur odeur ou par l'action de l'eau de brome, qui est décolorée par son agitation avec l'éthylène et non avec l'acétylène. L'aspect de la flamme et l'odeur permettent, du reste, de distinguer ces deux gaz.

III

Le gaz n'est pas absorbé par la potasse, et il n'est pas inflammable.

Dans ce cas, si le gaz, mis au contact de l'air, rougit, on a du bioxyde d'azote.

S'il éteint les corps en combustion, c'est de l'azote.

S'il rallume un corps présentant quelques points en ignition, on aura de l'oxygène ou du protoxyde d'azote. Ces deux gaz se distingueront par ce fait, que le protoxyde d'azote, mélangé à du bioxyde d'azote, reste incolore. Un mélange d'oxygène et de bioxyde d'azote donnera des vapeurs rutilantes. Du reste, ces deux gaz pourront aussi se distinguer par ce fait, que l'oxygène n'est pas soluble dans l'eau, tandis que le protoxyde d'azote se dissout d'une façon sensible.

1° Le gaz est absorbable par la potasse.	2° Il n'est pas soluble dans la potasse mais brûle au contact d'une flamme.	3° Le gaz n'est pas absorbable par la potasse. Il n'est pas combustible.
1° Ce gaz est combustible :	1° Il brûle avec une flamme incolore et donne une petite explosion quand on l'allume. . . . . H	1° En présence de l'air il donne des vapeurs rutilantes. . . . . AzO^2 $(Az\Theta)$
a. En brûlant il donne SO^2. . . . HS (H^2S)	2° Il brûle avec une flamme bleue et donne CO^2 . . . . CO	2° Il éteint les corps en combustion. . Az
b. En brûlant il donne CO^2. . . . . C^2Az (CAz)	3° Il brûle avec une flamme éclairante mais pâle, sans dépôt de charbon . . . . C^4H^4 (C^2H^4)	3° Il rallume les corps présentant un point en ignition :
2° Ce gaz est acide et fume à l'air. . . HCl	4° Il brûle avec une flamme fuligineuse :	*a.* Avec AzO^2 $(Az\Theta)$ il donne des vapeurs rutilantes . . . . O
3° Ce gaz est très soluble dans l'eau et a l'odeur de l'ammoniaque. . . AzH^3	*a.* Eau de brome est décolorée . . . C H^4 (C^2H^4)	*b.* Avec AzO^2 $(Az^2\Theta)$ il ne donne rien . . . . Az^2O $(Az\Theta)$
4° Il est très soluble dans l'eau et sent le soufre brûlé . . . . SO^2	*b.* Eau de brome ne se décolore pas. Le sous-chlorure de cuivre ammoniacal donne un précipité rouge . . . . C^4H^2 (C^2H^2)	
5° Il est vert et se dissout lentement dans l'eau. Cl		
6° Il se dissout lentement dans l'eau et trouble l'eau de chaux. . . . . CO^2		

MARCHE A SUIVRE POUR ANALYSER QUELQUES MÉLANGES GAZEUX SIMPLES.

L'analyse d'un mélange gazeux complexe est fort délicate. Il faut un outillage assez compliqué, et surtout une habileté très grande, pour faire cette opération. Ce n'est que sur quelques mélanges simples qu'une personne encore peu habituée à ces recherches peut espérer pouvoir s'exercer avec profit et succès. Nous supposerons ce cas.

Les gaz acides, hydrogène sulfuré, acides chlorhydrique, sulfureux, carbonique, ainsi que le chlore, peuvent être enlevés au mélange gazeux au moyen de la potasse. Dans la solution de potasse, nous pourrons rechercher ces corps, comme il a été dit à propos des acides.

Les gaz qui resteront après le traitement à la potasse seront les suivants : hydrogène, oxyde de carbone, acétylène, éthylène, formène, de l'oxygène, de l'azote, du protoxyde, du bioxyde d'azote. Mais notons déjà que l'oxygène et le bioxyde d'azote ne sauraient se trouver dans un pareil mélange.

Dans un pareil mélange, l'oxygène peut être enlevé en introduisant dans l'éprouvette un mélange d'acide pyrogallique et de potasse.

Les composés de l'azote peuvent être dénotés, entre autres procédés, par la diminution de volume qu'éprouve le mélange gazeux, quand on en chauffe une portion dans une cloche courbe, avec du sulfure de baryum.

Quant à l'existence des autres gaz, il faut des analyses eudiométriques ou des traitements spéciaux pour pouvoir la démontrer.

Nous le répétons, on ne peut guère mettre entre les mains des débutants que des mélanges de gaz acides ou de gaz oxygène, avec l'un quelconque des autres gaz.

Exemples de quelques mélanges gazeux simples.

Nous supposerons qu'on a affaire à un mélange de deux gaz seulement.

1° On a affaire à un mélange incolore, sans odeur spéciale, peu soluble dans l'eau.

On en introduira une portion dans une petite éprouvette, et on y introduira un fragment de potasse. Une portion du gaz est absorbée. Il y a de grandes chances pour que ce soit un mélange d'acide carbonique avec un autre gaz. On caractérisera l'acide carbonique par ce fait, qu'un peu d'eau de chaux, versée dans une autre éprouvette, produira un précipité de carbonate de chaux. Si le gaz n'est pas de l'acide carbonique, on recherchera sur la solution de potasse, l'acide qui y est contenu.

Le résidu sera alors examiné, comme il a été dit à propos d'un seul gaz.

2° Supposons qu'on ait un mélange de deux gaz, dont aucun n'est absorbé par la potasse. Dans ce cas, on essaiera l'action de l'acide pyrogallique et de la potasse. S'il y a de l'oxygène, il sera absorbé par ce mélange. Le résidu sera examiné comme gaz unique.

ANALYSE QUANTITATIVE DE L'AIR.

L'analyse quantitative de l'air peut se faire de diverses manières. Nous nous occuperons de cette détermination par le procédé du phosphore à chaud et par l'eudiomètre.

1° Analyse de l'air par le phosphore à chaud.

Dans une éprouvette graduée, on mesure environ 20 centimètres cubes d'air. Voici comment on opère pour faire cette mesure, sans avoir à faire de corrections de température et de pression :

On introduit l'éprouvette graduée, dans laquelle on a enfermé le volume approximatif de gaz, dans une grande éprouvette remplie d'eau ordinaire jusqu'au bord, et, tenant l'extrémité supérieure de l'éprouvette graduée serrée entre une pince de bois, on la laisse plongée un certain temps dans l'eau, pour que l'air qui y est contenu prenne la température de cette eau. On soulève ensuite avec la pince de bois l'éprouvette, de façon que le niveau de l'eau dans les deux éprouvettes soit le même et, plaçant l'œil à ce niveau, on lit la division correspondante de l'éprouvette. Supposons que nous lisions 21,5. On fera passer ce gaz dans une cloche courbe, de 50 centimètres cubes environ, puis, dans la panse de cette cloche courbe, on fera passer, avec un fil de cuivre enroulé en spirale à son extrémité, un petit fragment de phosphore, et on chauffera avec une lampe à alcool, légèrement d'abord pour ne pas briser la cloche, puis, quand le phosphore est fondu, un peu plus fort. On voit alors une flamme verdâtre prendre naissance à l'endroit où se trouve le phosphore, et descendre lentement jusqu'au niveau de l'eau. On laissera refroidir la cloche, et on fera repasser le gaz qui reste, et qui est de l'azote, dans l'éprouvette graduée, qui sera reportée dans l'eau. On mesurera ce résidu gazeux, comme on avait mesuré l'air, et nous devrons trouver un volume égal à 17 centimètres cubes environ, ce qui indique 79 d'azote pour 100 d'air.

Analyse de l'air par l'eudiomètre.

Pour faire l'analyse de l'air par l'eudiomètre, on se sert d'un eudiomètre quelconque, c'est-à-dire d'une cloche en verre très épais, garnie de deux fils métalliques pénétrant dans l'intérieur, isolés l'un de l'autre, à travers lesquels on peut faire jaillir une étincelle. L'eudiomètre est fermé à sa partie inférieure par un robinet ou par un bouchon muni d'une soupape.

Dans cet eudiomètre, on introduit environ 100 centimètres d'air mesuré, comme il a été dit précédemment, dans une éprouvette graduée. Supposons que nous ayons mesuré 99,5 d'air. Nous mesurerons dans la même éprouvette environ 100 centimètres cubes d'hydrogène (nous trouvons par exemple 101 après mesure exacte) que nous introduirons également dans l'eudiomètre. L'eudiomètre sera bien essuyé à sa partie supérieure. On vérifiera qu'entre les conducteurs métalliques destinés à faire jaillir l'étincelle, il ne reste pas une goutte d'eau. S'il en restait une, on la ferait tomber en frappant avec la main sur l'eudiomètre, de façon à produire quelques secousses. Ensuite, après avoir bouché l'eudiomètre, avec une source d'électricité (électrophore, bouteille de Leyde, ou petite bobine d'induction), on fera jaillir l'étincelle dans le mélange gazeux, en tenant l'eudiomètre fortement serré dans la main qui reste libre. Tout l'oxygène sera combiné à l'hydrogène, pour former de la vapeur d'eau qui se condensera.

Après le passage de l'étincelle électrique et l'ouverture de l'eudiomètre, on mesurera de nouveau le résidu gazeux. Avec les nombres supposés, nous trouverons un résidu de 138 centimètres cubes. Il en a donc disparu 62,5, ce qui indique une disparition de 21 volumes d'oxygène, l'oxygène se combinant avec l'hydrogène dans le rapport de 1 à 2, pour former de la vapeur d'eau.

EXEMPLES DE QUELQUES ANALYSES SPÉCIALES

ANALYSE D'UN BRONZE.

Les bronzes sont en général des alliages de *cuivre* et d'*étain;* souvent ils renferment du *zinc*, un peu de *plomb* et de petites quantités de *fer*.

Pour analyser un échantillon, on détache à la lime du bloc à analyser environ 1 gramme de limaille fine. Le fer qui se détache de la lime pendant cette opération est enlevé au moyen d'un barreau aimanté qu'on promène à travers la limaille jusqu'à ce qu'il n'enlève plus rien. On introduit ensuite la limaille de bronze dans un ballon et on ajoute par petites portions de l'acide azotique pur. Il se produit une vive réaction. L'étain passe à l'état d'acide métastannique insoluble et blanc, les autres métaux se transforment en azotates. Quand l'addition d'acide azotique ne produit plus d'action, on verse le tout dans une capsule en porcelaine en entraînant les dernières portions avec un peu d'eau, et on évapore le tout presque à siccité, de façon à chasser l'excès d'acide azotique. On arrose d'eau le résidu, et on sépare par filtration l'acide métastannique de la liqueur surnageante. On reconnaît et on sépare le plomb, dans cette liqueur, par l'acide sulfurique qui donne du sulfate de plomb presque insoluble dans l'eau et dans les acides très étendus. Par l'hydrogène sulfuré, dans la liqueur séparée du sulfate de plomb, on sépare le cuivre à l'état de sulfure de cuivre. La liqueur séparée du sulfure de cuivre est soumise à l'ébullition pour chasser l'hydrogène sulfuré, puis bouilli avec de l'acide azotique. Le fer repasse ainsi de nouveau à l'état de sel de sesquioxyde, et est éliminé de la liqueur par l'ammoniaque. La dernière liqueur traitée par le sulfhydrate d'ammoniaque donnera un précipité de sulfure de zinc blanc.

Nota. — Des pesées de ces différents précipités, on pourrait déduire la composition en centièmes du bronze à analyser.

ANALYSE D'UN LAITON.

Les laitons sont en général des alliages de *cuivre* et de *zinc*. Souvent ils renferment un peu d'*étain*, et accidentellement un peu de *fer* et de *plomb*.

Dans le cas où l'on aurait à chercher le cuivre, le zinc, le plomb, le fer et l'étain, l'analyse du laiton se ferait comme celle du bronze.

Si l'alliage ne contient que du cuivre et du zinc, les opérations sont simplifiées. La limaille de laiton est dissoute dans l'acide azotique; de la dissolution obtenue, le cuivre est précipité à l'état de sulfure par un courant d'hydrogène sulfuré. Le sulfure de cuivre obtenu est enlevé par filtration, et dans la liqueur restante, on ajoute de l'ammoniaque et du sulfhydrate d'ammoniaque pour précipiter le zinc à l'état de sulfure.

ANALYSE D'UN MAILLECHORT.

Les maillechorts sont des alliages de *cuivre*, de *zinc* et de *nickel*. Quelquefois ils contiennent aussi de l'*étain*, du *plomb* et du *fer*.

Supposons d'abord ce dernier cas. On dissoudra encore l'alliage en limaille fine, et débarrassée du fer provenant de la lime par un barreau aimanté, à l'aide de l'acide azotique, comme pour le bronze. L'acide métastannique rendu insoluble est séparé de la liqueur par filtration, et le plomb est précipité par l'acide sulfurique. Le cuivre est éliminé à l'état de sulfure par un courant d'hydrogène sulfuré. A la liqueur qui reste et qui a été débarrassée par l'ébullition de l'hydrogène sulfuré dissout, on ajoute un peu d'acide azotique et on fait bouillir. L'addition de potasse à cette liqueur amène la précipitation du sesquioxyde de fer, des oxydes de nickel et de zinc. Mais un excès de potasse dissout l'oxyde de zinc et laisse insolubles les oxydes de fer et de nickel. Le zinc est précipité de la liqueur potassique par l'hydrogène sulfuré ou par un peu de sulfhydrate d'ammoniaque. Quant aux oxydes de fer et de nickel, ils sont dissous dans l'acide azotique ; l'addition du chlorhydrate d'ammoniaque et de l'ammoniaque à cette dernière liqueur, produira la précipitation du sesquioxyde de fer. Quant au nickel, il sera précipité à l'état de sulfure par le sulfhydrate d'ammoniaque.

S'il n'y avait dans le maillechort que du *cuivre*, du *zinc* et du *nickel*, son attaque se ferait de la même façon. Le cuivre sera précipité par l'hydrogène sulfuré à l'état de sulfure. La liqueur filtrée sera bouillie et additionnée de potasse en excès qui précipitera l'oxyde de nickel, et dissoudra l'oxyde de zinc.

Nota. — Ce procédé ne donnerait pas des résultats assez exacts pour l'analyse quantitative du maillechort.

ANALYSE D'UNE CÉRUSE.

La céruse ou blanc de plomb est un carbonate ou un hydrocarbonate de plomb, suivant son mode de préparation. Ce produit, qui sert beaucoup en peinture, est souvent additionné de différentes substances moins chères : ces substances doivent forcément être neutres et ce sont, en général, du carbonate de chaux, du sulfate de baryte naturel, du sulfate de chaux ou plâtre, quelquefois du sulfate de plomb.

Il est facile de reconnaître ce genre de fraude. On prendra quelques grammes (3 ou 4) de la matière à analyser, et on la traitera par l'acide azotique étendu. La matière, si elle est pure, doit se dissoudre avec effervescence :

1° Si elle se dissout complètement, elle ne peut guère être falsifiée que par du carbonate de chaux. Dans ce cas on précipite le plomb à l'état de sulfure par l'hydrogène sulfuré. A la liqueur restante, on ajoute de l'acide oxalique, ou simplement de l'acide sulfurique. S'il se forme un précipité, ce sera de l'oxalate ou du sulfate de chaux.

2° S'il reste un résidu après l'attaque par l'acide azotique, on le séparera de la liqueur formée, qui sera analysée comme il a été dit plus haut. Le résidu sera formé de sulfate de baryte, de sulfate de chaux ou de sulfate de plomb, ou du mélange de ces corps. Ce précipité, bien lavé, sera mis dans l'eau en présence du sulfhydrate d'ammoniaque. Si le précipité reste blanc, il n'y aura pas de sulfate de plomb, et il sera formé de sulfate de baryte et de chaux, ou de l'un quelconque de ces corps, ce qui est peu important du reste. On pourra distinguer ces deux sulfates en les mettant en digestion à froid avec du carbonate de soude. Le sulfate de chaux sera bientôt transformé en carbonate, et non le sulfate de baryte.

Si le précipité noircit, on le laissera en digestion avec le sulfhydrate d'ammoniaque, puis on le lavera, et on le traitera par l'acide chlorhydrique étendu et chaud. Le sulfure de plomb sera dissous et le résidu qui reste sera examiné comme précédemment. Ce sera, en général, du sulfate de baryte ou du plâtre.

ANALYSE D'UN MINIUM.

Le minium, ou rouge de plomb (oxyde de plomb Pb^3O^4) est quelquefois falsifié par des matières ayant à peu près sa couleur, tels que l'oxyde de fer diversement obtenu, ou même par de la brique pilée.

On attaquera un ou deux grammes de minium par l'acide azotique concentré et chaud, qui dissoudra rapidement le minium et l'oxyde de fer. S'il reste un résidu franchement rouge et insoluble même dans beaucoup d'acide, il y a des chances pour que ce soit de la brique pilée : son examen à la loupe permettra de l'affirmer.

Dans la dissolution obtenue, on précipitera le plomb par l'hydrogène sulfuré. La liqueur séparée du sulfure formé sera additionnée d'ammoniaque et de sulfhydrate d'ammoniaque. Le fer sera précipité à l'état de sulfure de fer noir. On peut aussi faire bouillir la liqueur séparée du sulfure de plomb pour chasser l'excès d'hydrogène sulfuré, transformer le fer en sel de sesquioxyde de fer par l'acide azotique, et précipiter le fer à l'état de sesquioxyde, par l'ammoniaque.

Recherche du cuivre dans un minium.

Le minium sert beaucoup à la fabrication du cristal. S'il contient de l'oxyde de cuivre, le cristal prend une teinte bleuâtre dont l'intensité augmente avec la quantité de cuivre. Pour voir si un minium contient du cuivre, on le dissout dans l'acide azotique. A la liqueur obtenue on ajoute de l'acide sulfurique qui précipite la majeure partie du plomb. Si la liqueur séparée du sulfate de plomb prend avec l'ammoniaque un aspect bleu, ou bien avec le cyanure jaune devient brunâtre, le minium contiendra de l'oxyde de cuivre et ne pourra pas servir pour faire du cristal blanc.

ANALYSE D'UN COLCOTHAR OU ROUGE D'ANGLETERRE.

Le *colcothar* ou *rouge d'Angleterre* est du sesquioxyde de fer anhydre dont la coloration dépend du mode de préparation. On peut préparer du sesquioxyde de fer anhydre dont l'intensité de coloration égale celle de certains miniums. On falsifie les produits ordinaires désignés sous le nom de rouge de fer avec différentes substances, surtout avec de la brique peu cuite et pilée, dont la couleur rappelle celle du rouge de fer. On l'additionne souvent de matières blanches qui donnent une teinte plus claire au produit.

L'analyse du colcothar, dont le prix est très modique, n'a qu'une importance secondaire. En général, sa coloration et son grain servent à reconnaître sa qualité pour les différents usages auxquels on le destine. — Pour retrouver la brique pilée, on attaque le colcothar par un mélange d'acide chlorhydrique et d'un iodure alcalin, de préférence l'iodure d'ammonium. La dissolution est très rapide dans ce cas. — Si la matière non dissoute est rougeâtre, il y a de fortes présomptions pour que ce soit de la brique pilée plus ou moins mélangée d'autres matières inattaquables par les acides. Si elle est blanche, on aura à rechercher sa nature comme il a été dit à propos de la céruse. En tous cas, le colcothar pur ne doit laisser aucun résidu après son traitement par un mélange d'iodure d'ammonium et d'acide chlorhydrique. De plus, la dissolution obtenue avec l'acide chlorhydrique ne doit contenir que peu des métaux autres que le fer.

ANALYSE D'UN CHROMATE DE PLOMB OU JAUNE DE CHROME.

Le *chromate de plomb*, ou *jaune de chrome*, sert en peinture. Il est souvent falsifié par différentes matières qui diminuent son pouvoir colorant et rendent ce produit moins propre à bien couvrir les objets. Les principales substances employées sont le *carbonate de chaux*, le *sulfate de chaux*, le *sulfate de baryte*, quelquefois le *sulfate de plomb*.

1° Pour reconnaître ces matières, sauf le sulfate de plomb, on met le chromate à analyser en suspension dans l'eau, puis on le traite par de l'acide sulfurique ajouté par petites portions. Le chromate de plomb est décomposé. Il se forme un précipité de sulfate de plomb, et l'acide chromique est mis en liberté. Le précipité de sulfate de plomb formé, traité par de l'hydrogène sulfuré ou du sulfhydrate d'ammoniaque, doit se transformer totalement en sulfure de plomb soluble dans l'acide chlorhydrique. Si la matière traitée par l'hydrogène sulfuré ou le sulfhydrate d'ammoniaque n'était pas totalement soluble dans l'acide chlorhydrique, on aurait à rechercher la chaux et la baryte comme il a été dit à propos de la céruse.

2° Si l'on craint la présence du sulfate de plomb dans le chromate, on transformera le chromate en sel de chrome, par l'addition d'acide chlorhydrique et d'alcool. L'acide chromique sera réduit. Il passera dans la solution à l'état de chlorure de sesquioxyde de chrome et le plomb combiné sera transformé en chlorure de plomb. Ces deux derniers sels passeront dissous à l'état de chlorures et pourront, à chaud, être séparés du reste des matières. Si l'on retrouve, dans le précipité restant, du plomb, par l'hydrogène sulfuré, comme il a été dit à propos de la céruse, le produit aura été falsifié par l'addition du sulfate de plomb.

ESSAIS ALCALIMÉTRIQUES.

La valeur vénale des potasses et des soudes du commerce (carbonates de potasse et de soude) dépend de la quantité de carbonate réel que contient chaque échantillon. Il est important d'avoir un moyen rapide de déterminer cette quantité et de l'avoir en centièmes. La méthode suivante, imaginée par *Gay-Lussac*, sert encore actuellement dans l'industrie et dans les laboratoires.

On sait que 49 grammes d'acide sulfurique monohydraté

Fig. 29.

$(SO^3HO = SO^4H^2)$ saturent exactement 47 grammes de potasse ou 31 grammes de soude anhydres. Si donc, dans un vase de 1 litre de capacité (fig. 29) on verse d'abord une certaine quantité d'eau, puis 98 grammes d'acide sulfurique monohydraté, et qu'on ajoute ensuite, après refroidissement du mélange précédent, de l'eau de façon à faire un litre, on aura une dissolution dont 50 centimètres cubes contiennent $4^{gr},9$ d'acide monohydraté. Cette dissolution est ce qu'on appelle la *liqueur normale d'acide sulfurique*.

La liqueur alcaline se prépare en dissolvant 47 grammes de

Fig. 29 *bis*.

potasse du commerce ou 31 grammes de soude du commerce dans un demi-litre d'eau. Pour cela on met la matière pesée dans un mortier, on la broie avec un peu d'eau, pour faciliter la dissolution. On fait tomber la liqueur, qu'on a laissé reposer pour laisser se précipiter les matières non solubles, dans un vase d'un demi-litre de capacité (fig. 29 *bis*), et on lave à plusieurs reprises avec une nouvelle quantité d'eau, le résidu qui reste dans le mortier. On ajoute ces eaux aux précédentes, et on achève de remplir le vase avec de l'eau distillée jusqu'au trait de repère, et on agite le tout avec une baguette de verre.

On prend avec une pipette (1) (fig. 30) 50 centimètres cubes de

Fig. 30.

cette dissolution alcaline et on la fait tomber dans un vase à fond plat (fig. 31). On ajoute à cette liqueur quelques gouttes de teinture de tournesol.

Fig. 31.

On remplit alors de la liqueur acide une burette de Gay-Lussac (fig. 32) qui contient jusqu'au trait de repère, 50 centimètres cubes, et qui est divisée en 100 parties égales, et on fait écouler, en inclinant la burette, goutte à goutte, l'acide dans le vase où

(1) Pour cela on aspire le liquide avec la bouche, en ne faisant plonger que la pointe de la pipette dans la dissolution, jusqu'à ce que le liquide arrive au-dessus du trait de repère. On bouche la pipette avec le doigt et on laisse écouler, en desserrant le doigt, jusqu'à ce que le niveau du liquide, amené à la hauteur de l'œil, coïncide avec le trait de repère.

se trouve l'alcali. On a placé ce vase sur une feuille de papier blanc de façon à bien voir la couleur du liquide, et pendant qu'on verse l'acide avec la main droite, on agite la liqueur avec la main gauche. La liqueur devient à un moment donné rouge vineux à cause de la production d'acide carbonique libre après formation de bicarbonate. On continue à verser de la liqueur acide jusqu'au moment où la couleur vineuse est remplacée par

Fig. 32.

la couleur pelure d'oignon. On lit alors la division de la burette. Supposons qu'on se soit arrêté à la division 59 ; cela veut dire que la matière contient 59 p. 100 de potasse ($KO = K^2O$) ou de soude ($NaO = Nr^2O$). On pourra alors calculer facilement la teneur en carbonate.

Cependant, ces indications ne sont exactes que si on a réellement une matière ne contenant pas un mélange de deux carbonates. Ainsi, si une potasse de commerce contient de la soude en proportion notable, on trouvera de cette façon un résultat trop fort ; on trouvera un résultat trop faible si une soude contient de la potasse.

Ce premier essai n'est qu'approximatif. On recommencera la même opération en versant tout d'un coup, dans 50 nouveaux centimètres cubes de potasse ou de soude, 58 divisions d'acide sulfurique. On ajoutera le tournesol à ce moment seulement, et on versera goutte à goutte l'acide sulfurique jusqu'au moment où la teinte pelure d'oignon soit bien nette.

Comme il est assez délicat de saisir exactement le moment du passage de la teinte vineuse à la teinte pelure d'oignon, on prendra, avec une baguette effilée, de temps en temps, une goutte de liquide à essayer, et on la mettra sur un papier bleu de tournesol. Quand le papier de tournesol restera rouge, même après avoir été chauffé, on aura atteint la limite.

Quelquefois on met la liqueur alcaline avec le tournesol dans un ballon, et on fait chauffer la liqueur pendant qu'on ajoute l'acide sulfurique. L'acide carbonique se dégage, et l'on passe directement de la teinte bleue à la teinte rouge persistante.

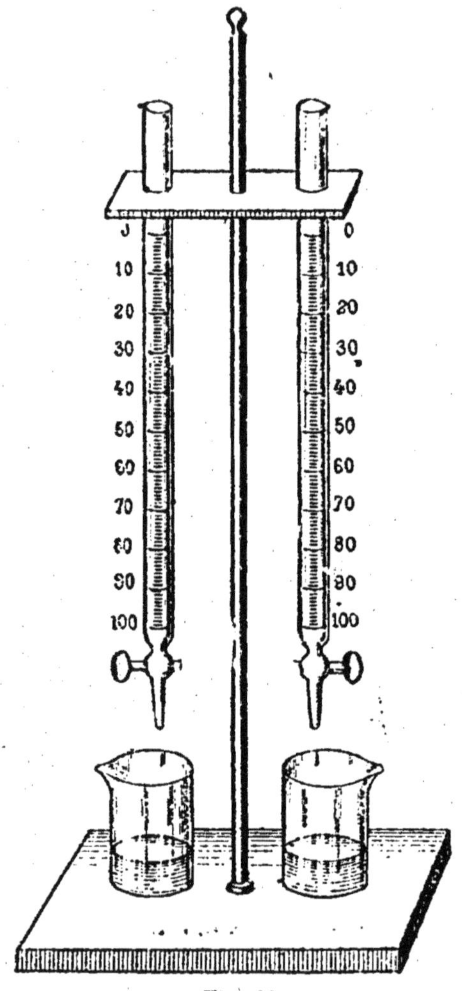

Fig. 33.

D'autres fois on verse la liqueur alcaline dans la liqueur acide. On passe de cette façon de la teinte rouge à la teinte bleue.

La burette de Gay-Lussac est maintenant remplacée fréquemment par la burette de Mohr (fig. 33). Il suffit d'avoir manié quelquefois les deux appareils pour comprendre les avantages de cette dernière.

Le tournesol est aussi avantageusement remplacé par d'autres matières colorantes que livre l'industrie, sous le nom d'*hélianthine*, de *tropæoline*, d'*orangé*, etc., et qui passent au rouge par les acides forts, au jaune par les bases, sans changer de coloration avec l'acide carbonique.

Nota. — Le titrage alcalimétrique d'une dissolution alcaline (potasse ou soude caustique) ou alcalino-terreuse se fera de la même façon.

CHLOROMÉTRIE.

La valeur d'un échantillon de chlorure de chaux dépend de la quantité de chlore qu'il peut dégager, ou plutôt de la quantité d'oxygène qu'il peut fournir aux corps sur lesquels on le fait agir. C'est à Gay-Lussac que l'on doit la méthode rapide qui sert au dosage des chlorures décolorants.

La méthode de Gay-Lussac repose sur ce fait que le chlore ou les hypochlorites transforment l'acide arsénieux en acide arsénique en présence de l'eau.

On a :

$$AsO^3 + 2Cl + 2HO = AsO^5 + 2HCl.$$

ou

$$As^2O^3 + 2Cl^2 + 2H^2O = As^2O^5 + 4HCl.$$

Quand on fait agir un chlorure décolorant sur l'acide arsénieux en présence du sulfate d'indigo, l'indigo n'est oxydé qu'après la transformation de l'acide arsénieux en acide arsénique.

Pour faire un titrage de chlorure décolorant, on dissout $4^{gr},439$ d'acide arsénieux pur, dans 30 grammes d'acide chlorhydrique ordinaire étendu de son volume d'eau, puis on ajoute à la liqueur assez d'eau pour former un litre. C'est là la quantité d'acide arsénieux qui est transformée par $3^{gr},17$ ou par un litre de chlore, en acide arsénique.

On prend d'autre part 10 grammes de chlorure de chaux à essayer; on le broie dans un mortier avec de l'eau. La dissolution décantée est versée dans un récipient d'un litre de capacité. On lave le résidu plusieurs fois avec de l'eau, et les liqueurs décantées sont rajoutées à la première. On achève de remplir le récipient jusqu'au trait de repère, et l'on agite fortement le mélange.

On met dans un vase à précipité 10 centimètres cubes de la liqueur arsénieuse prise avec une pipette de cette capacité, et on y ajoute du sulfate d'indigo de façon à colorer faiblement le liquide. Le vase à précipité est placé sur une feuille de papier blanc pour bien voir la couleur du liquide.

Dans une burette de Mohr ou de Gay-Lussac, on met la dissolution du chlorure de chaux jusqu'au trait supérieur, et on la fait écouler lentement dans l'acide arsénieux en agitant constamment le vase, jusqu'au moment où la décoloration du sulfate d'indigo est complète, c'est-à-dire jusqu'au moment où la liqueur, d'abord bleue, devient jaune brunâtre. On note alors le nombre exact des divisions de la burette. Supposons qu'il ait fallu 89 divisions de la burette (les divisions correspondant aux cenmètres cubes sont divisées en 10 parties égales). Cela veut dire que $8^{cc},9$ de la dissolution contiennent 10 centimètres cubes de chlore ou que 1^{cc} contient $\dfrac{10}{8,9}$

ou 1 litre ou 1.000^{cc} $\dfrac{10 \times 1.000}{8,9} = 1,123^{cc}$ ou $1^{lit},123$ de chlore.

En général, n représentant le nombre de divisions de la burette, on aura la teneur en chlore par la formule

$$\dfrac{10 \text{ litres}}{n}.$$

Ce premier essai n'est qu'approché. Il faudra le recommencer, parce qu'on a pu mettre un excédent d'hypochlorite. Donc, on ajoutera à 10 centimètres cubes de la dissolution arsénieuse 80 divisions de la burette, puis le sulfate d'indigo. On versera ensuite goutte à goutte la liqueur à essayer. Dans cet essai, on trouvera 88,5. Le titre sera donc :

$$\dfrac{1.000}{885} = 1,129$$

Il ne faut pas verser l'acide arsénieux dans la liqueur chlorée, parce que l'acide chlorhydrique qui sert à dissoudre l'acide arsénieux, en se combinant avec la chaux de l'hypochlorite, mettrait en liberté de l'acide hypochloreux qui agirait sur le sulfate d'indigo, l'acide arsénieux n'étant pas en quantité suffisante.

ESSAI D'UN BIOXYDE DE MANGANÈSE DU COMMERCE.

Les matières qui sont livrées au commerce sous le nom de manganèses (bioxyde de manganèse) sont mélangées à des matières étrangères (silice, carbonate de chaux, de baryte, sesquioxyde de fer, de manganèse, etc.). Ces matières étrangères diminuent la valeur du produit. Aussi cherche-t-on la quantité réelle de bioxyde de manganèse qu'elles contiennent, ou la quantité de chlore qu'elles peuvent produire.

Gay-Lussac a imaginé la méthode suivante pour faire cette détermination :

Elle est fondée sur ce que 3^{gr},980 de bioxyde pur, traités par l'acide chlorhydrique, produisent un litre de chlore qui transforme un litre de potasse étendue en hypochlorite de potasse, donnant à l'essai chlorométrique le titre 100°.

Pour faire un essai, on introduit 3^{gr},980 de bioxyde naturel, puis comme échantillon moyen (1), que l'on introduit dans un

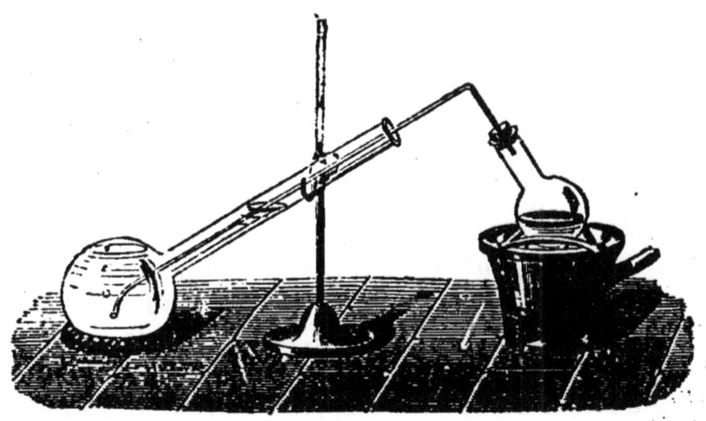

Fig. 34.

petit ballon de 50 centimètres cubes environ, et on y ajoute de 20 à 25 centimètres cubes d'acide chlorhydrique concentré. On ferme rapidement le ballon (fig. 34) avec un bouchon traversé

---

(1) Pour faire cet échantillon, on broie ensemble une certaine quantité de fragments de minerai pris dans les différentes parties de la masse, et sur la matière pulvérisée on élève le poids voulu.

par un tube recourbé. L'extrémité de ce tube recourbé plonge dans une dissolution étendue de potasse placée dans un ballon à long col d'environ un demi-litre de capacité. On a soin de laisser de l'air dans le ballon, une partie du col étant pleine de la dissolution de potasse. On laisse dégager le chlore bulle à bulle, en chauffant progressivement le ballon. A la fin de l'opération, le ballon étant plein de vapeurs qui se condensent facilement, on risque d'avoir une absorption du liquide, auquel cas l'opération serait à recommencer. On évite cette absorption en amenant le tube un peu en dehors du liquide quand on voit celui-ci remonter. Il rentre un peu d'air dans le tube qu'on fait replonger dans la dissolution. On recommence la même série de manœuvres jusqu'à ce qu'on soit sûr que tout le chlore se soit dégagé, ce que l'on reconnaît à ce que le liquide du ballon est clair ou seulement jaunâtre, mais n'a plus l'aspect noirâtre.

Quand l'opération est finie (le ballon ne doit plus laisser dégager l'odeur de chlore), on verse la dissolution de potasse dans un récipient d'un litre de capacité, on rince le ballon avec de l'eau qu'on ajoute au liquide précédent. On achève de remplir jusqu'au trait de repère le vase d'un litre, et on agite le liquide. On fait ensuite l'essai chlorométrique de ce liquide, comme dans le cas précédent.

ESSAI DES MATIÈRES D'ARGENT.

Pour savoir combien une matière contient d'argent, on se sert de deux procédés, le *procédé de voie sèche* ou par *coupellation*, et le procédé par *voie humide*. Quand on n'a aucun renseignement sur la teneur d'une matière en argent, on emploie la *coupellation*, qui donne la richesse de l'alliage à quelques millièmes près seulement. Une fois la composition approximative de l'alliage connue, on se sert du procédé de Gay-Lussac, par voie humide, qui donne une approximation de un demi-millième.

Coupellation.

Principe de la méthode. — Le procédé par coupellation repose sur ces deux principes : 1° que l'argent est inoxydable à l'air, à toutes les températures, tandis que les autres métaux s'oxydent à l'air à des températures plus ou moins élevées; 2° que l'oxyde de plomb en quantité suffisante, dissout les oxydes et est absorbé avec eux par les matières poreuses, tandis que l'argent ne l'est pas. — Il suffit donc de chauffer la matière d'argent avec du plomb, à l'air, en présence d'une matière poreuse, pour que l'argent reste sur cette matière poreuse, après l'absorption des oxydes.

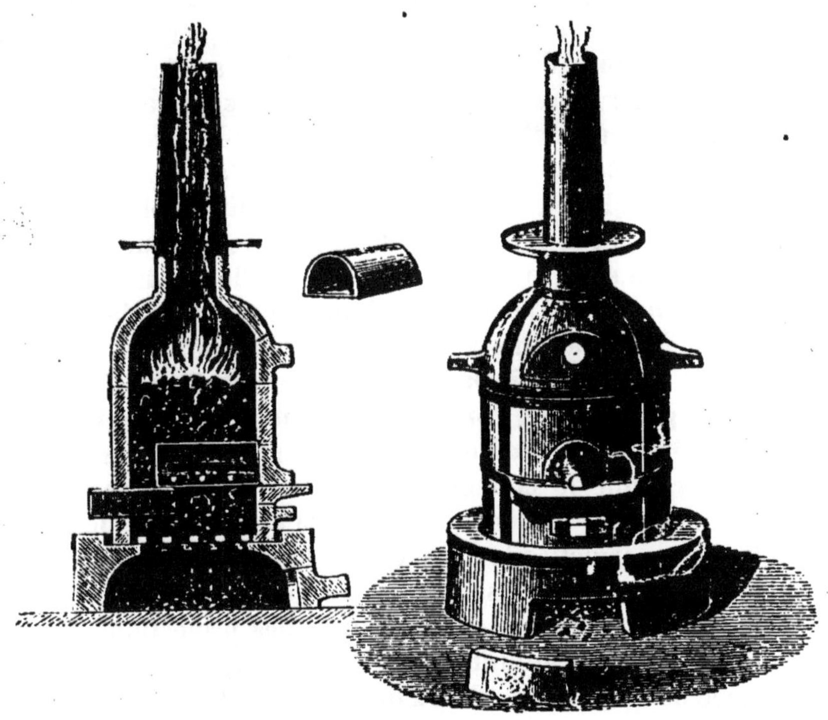

Fig. 35.

Appareils. — La matière qui est la plus avantageuse pour absorber les oxydes accompagnant l'oxyde de plomb, est la cendre d'os comprimée. On fait avec la cendre d'os des coupelles dont la taille varie avec la quantité d'oxyde de plomb à absorber. Ces coupelles sont chauffées dans des fourneaux spéciaux dits fours de coupellation. — La partie essentielle de ces fourneaux consiste en une cavité (fig. 35) dite *moufle*, demi-cylindre en terre réfractaire ouvert sur l'une de ses bases et percé de fentes le long de ses arêtes et sur l'autre base. Le moufle est chauffé soit dans

un fourneau à reverbère contenant du charbon, soit dans un fourneau à gaz ou un four à pétrole. L'air passant dans le moufle,
appelé par le foyer, produit l'oxydation du plomb.

Opération. — On pèse un gramme de l'alliage, et quand
le moufle est au rouge, on y introduit la coupelle, puis une
quantité de plomb pauvre, c'est-à-dire exempt d'argent, cal-
culée d'après le titre probable de la matière (3 grammes quand
le titre est 950 ; 7 si le titre est 900, 10 si le titre est
800, etc.) (1). Quand le plomb est fondu, on y laisse tomber, avec
une longue pince de fer, l'alliage enveloppé dans un peu de papier de soie ou de papier à filtre. Le papier brûle, réduit
l'oxyde de plomb déjà formé, et l'alliage se combine avec le
plomb. On voit alors se promener sur la surface brillante du
métal des pellicules d'oxyde qui sont absorbées par la coupelle.
A un moment donné, il ne reste plus que de l'argent recouvert
d'une mince pellicule d'oxyde. Il se produit le phénomène des
lames minces, et la production des couleurs qui l'accompagnent
a été désignée sous le nom d'*iris*. Cette pellicule disparaît à son
tour. A ce moment l'argent mis à nu est, à cause de la chaleur
dégagée pendant la combustion du plomb, à une température plus
élevée que le moufle. Il paraît un moment brillant. La production de ce phénomène, connu sous le nom d'*éclair*, indique la
fin de l'opération. Quand on n'a pas aperçu ce fait assez fugace,
on est averti que la coupellation est terminée par l'aspect brillant du métal. On ramène lentement la coupelle vers le bord du
moufle pour permettre le dégagement lent, pendant le refroidissement, de l'oxygène dissous par l'argent. Sinon, l'oxygène se
dégagerait brusquement, et il y aurait des projections d'argent.
Quand le métal est solidifié, on retire la coupelle et on fait tomber sur le bouton encore chaud quelques gouttes d'eau pour qu'il
se détache facilement de la coupelle. Après refroidissement com-
plet du métal, on le pèse après l'avoir débarrassé des grains de
cendre qu'il pourrait retenir. Son poids indique la teneur de
l'alliage en argent, mais seulement à quelques millièmes près, à
cause de la vaporisation d'une certaine quantité d'argent pendant l'opération.

(1) Quand on n'a aucune donnée sur le titre, on fait un premier essai avec
une quantité de plomb supposée suffisante, puis on recommence l'opération avec
la quantité de plomb voulue, si le bouton pesé indique un titre inférieur à
celui qu'on présumait.

ESSAI D'UN PLOMB ARGENTIFÈRE.

L'essai d'un plomb argentifère se fait de la même façon, seulement il est inutile en général d'ajouter encore du plomb à cette matière.

Si l'on avait une galène, on pourrait encore par ce procédé, déterminer sa teneur en argent. Le sulfure de plomb passe à l'état d'oxyde qui est absorbé par la coupelle.

ESSAI D'UNE MATIÈRE D'ARGENT PAR VOIE HUMIDE

La méthode encore actuellement employée pour faire l'essai exact des matières d'argent a été imaginée par *Gay-Lussac*, qui a utilisé pour cela le fait de l'insolubilité du chlorure d'argent dans une eau acidulée par l'acide azotique. Pour déterminer la teneur, en argent, d'un alliage quelconque, on peut, comme pour tous les dosages d'argent, dissoudre l'alliage dans l'acide azotique, et dans la dissolution claire, précipiter l'argent à l'état de chlorure d'argent et peser le chlorure. Sachant que 143^{gr},5 de chlorure d'argent correspondent à 108 grammes d'argent, on déduit facilement du poids trouvé, la valeur, en argent, de l'alliage.

Quand on a un grand nombre d'opérations à faire, on se sert de liqueur titrées suivant le procédé de Gay-Lussac, méthode pour laquelle il faut connaître le titre approximatif de l'alliage :

1° *Liqueurs*. Sachant que 0^{gr},5417 de chlorure de sodium contiennent le chlore nécessaire pour se combiner à 1 gramme d'argent, on prépare une liqueur dite liqueur normale, contenant cette quantité de sel marin par décilitre ou 5^{gr},417 par litre. On a également une liqueur dite *décime*, contenant la dixième partie de sel marin ou 0^{gr},5417 par litre, que l'on obtient en étendant à 1 litre un décilitre de la première dissolution. Un centimètre cube de cette liqueur précipite 1 milligramme d'argent.

On a une deuxième liqueur dite *décime d'argent*, obtenue en dissolvant 1 gramme d'*argent pur* dans l'acide azotique, et étendant la liqueur à 1 litre.

2° *Opération*. Dans un flacon bouché à l'émeri, on introduit un poids d'alliage tel qu'il renferme environ 1 gramme d'argent.

Si le titre est supposé de 900, on en prendra donc $\frac{1.000}{900} = 1^{gr},111$;

si le titre supposé était de 835, on en prendrait $\frac{1.000}{835} = 1^{gr},1975$.

On ajoute environ 10 centimètres cubes d'acide azotique pur et on le chauffe au bain-marie. Quand la dissolution est faite, on chasse du flacon les vapeurs nitreuses qui le remplissent en y insufflant de l'air avec un tube de verre assez long. On y laisse tomber avec une pipette 100 centimètres cubes de la *liqueur normale* de sel marin. Il se forme un précipité cailleboté de chlorure d'argent. On bouche le flacon, et on l'agite vivement. On remet dans l'eau chaude, et on continue à chauffer et à agiter jusqu'à ce que tout le chlorure d'argent soit tombé au fond. La liqueur ne doit plus être laiteuse. Elle doit être parfaitement transparente et simplement colorée un peu en bleu par l'azotate de cuivre. A ce moment on ajoute avec une pipette 1 centimètre cube de liqueur *décime de sel marin*.

1° *Supposons qu'il se forme un précipité.* Ce fait indique que l'alliage renferme plus d'argent qu'on ne le supposait. On rassemble, en chauffant et en agitant alternativement le flacon, le précipité formé, comme précédemment. On ajoute un nouveau centimètre cube de liqueur décime de sel marin et, ainsi de suite jusqu'à ce qu'il ne se produise plus de précipité. Supposons que nous ayons introduit 1.1975 d'alliage, et qu'il ait fallu faire tomber dans la liqueur 4 centimètres cubes de liqueur décime d'argent. Cela veut dire qu'il y avait $1^{gr},0025$ environ d'argent dans $1^{gr},1975$ d'alliage. En effet, le quatrième centimètre cube n'a pas donné de précipité : donc à ce moment il n'y avait plus d'argent dissout dans la liqueur. Le troisième centimètre cube a donné un précipité ; mais comme il n'est pas sûr que tout le sel marin ait été employé, on suppose qu'il n'y en a eu que la moitié. Le titre de l'alliage analysé est donc :

$$\frac{1.0025}{1.1975} = 0.837.$$

2° *Supposons qu'il ne se forme pas de précipité.* Ceci indique, ou que la liqueur de sel marin a précipité exactement l'argent de la liqueur, ou qu'il y a un excédent de chlorure de sodium. Pour vérifier ce fait, on ajoute à la liqueur 1 centimètre cube de liqueur *décime d'argent.* Il se forme un précipité que l'on rassemble par le procédé décrit. Ce centimètre cube est destiné à précipiter le chlorure de sodium excédent introduit. On n'en tient pas compte. On introduit un nouveau centimètre cube de liqueur d'argent.

1° Il ne se forme pas de précipité. Dans ce cas, le titre de l'alliage est exactement celui qu'on a supposé.

2° Il se forme un précipité. Dans ce cas on le rassemblera comme précédemment. On ajoutera successivement, par centimètres cubes, de la liqueur d'argent, en rassemblant chaque fois le précipité. Supposons qu'on en ait introduit trois. Le troisième n'a rien donné. Donc il ne faut pas en tenir compte. Le deuxième n'a pas sûrement été précipité en entier par le chlorure de sodium. On ne le comptera que pour la moitié. L'alliage contient donc 1 milligramme et demi moins d'argent qu'on ne le supposait. Si donc on a pris un poids de 1.1975 d'alliage, le titre sera

$$\frac{1.000-1,5}{1.197,5} = \frac{9.985}{1.1975} = 0.8335.$$

Comme on le voit, ce procédé exige la connaissance, à quelques millièmes près, du titre de l'alliage cherché. Aussi n'est-il employé que pour le contrôle des objets d'argent, tels que monnaie, bijoux, service de table, dont le titre doit être un titre déterminé d'avance, sous peine de ne pouvoir être livrés à la circulation.

Pipette de Stas (fig. 36). — Pour mesurer exactement et rapidement le volume voulu de sel marin, M. Stas a imaginé une pipette très commode qui porte son nom. Cette pipette A est fixée à demeure sur un support B. Elle mesure exactement, depuis le haut jusqu'au bas, 100 centimètres cubes. On la remplit en la mettant en communication par un caoutchouc, avec un réservoir D, contenant la dissolution saline, et muni d'un robinet r, que l'on ouvre jusqu'à ce que la pipette soit pleine. Quand la pipette est pleine, on arrête l'écoulement du liquide en fermant la partie supérieure E, avec le doigt. Pour que la solution saline ne s'écoule pas le long de la pipette, elle est munie à sa partie inférieure d'un godet F, dans lequel s'écoule l'excédent du liquide. On met sous la partie inférieure de la pipette le flacon contenant la solution nitrique d'argent, et on y laisse couler le liquide. La pipette est construite de façon à contenir 100 centimètres cubes, sans tenir compte de la petite portion de liquide retenue par capillarité à la partie inférieure de l'éprouvette.

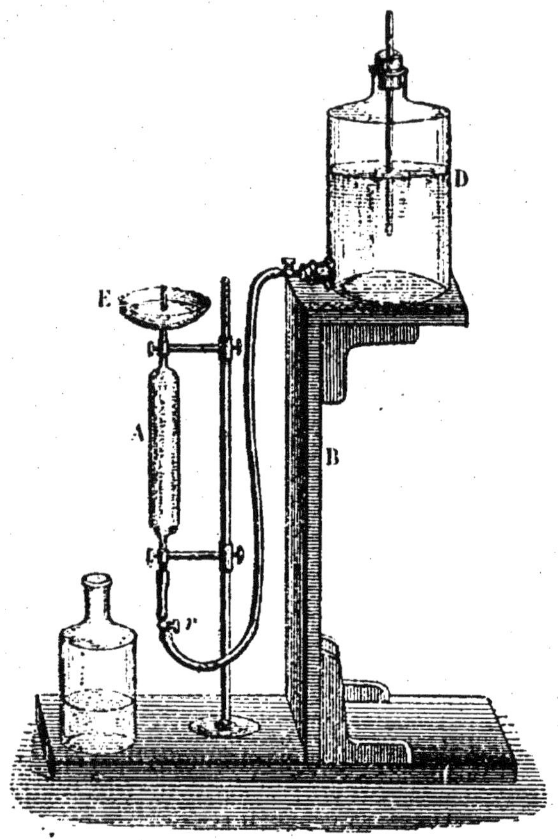

Fig. 36.

Nota. — Le titre de la dissolution de sel marin peut varier par suite des changements de température. Aussi faut-il le vérifier chaque fois qu'on fait une opération. Pour cela, on dissout 1 gramme d'argent pur dans l'acide nitrique, et, avec cette dissolution, de titre connu, on vérifie la liqueur, comme s'il s'agissait d'un essai d'argent. Supposons qu'il faille, pour précipiter complètement le gramme d'argent pur, 3 centimètres cubes de liqueur décime de sel marin. Cela veut dire que les 100 centimètres cube de solution normale ne précipitent que $0^{gr}997$ d'argent; et il faudra tenir compte de ce fait pour le calcul final du titre de l'alliage. De même, s'il fallait ajouter de la liqueur décime d'argent.

ESSAI D'UN ALLIAGE D'OR.

Pour faire l'essai des alliages d'or employés dans le commerce, on se sert d'un procédé qui tient le milieu entre le procédé par voie sèche, et le procédé par voie humide.

Fig. 37.

1re *opération*. — On coupelle un demi-gramme de l'alliage à analyser avec 5 grammes de plomb et environ 1gr,5 d'argent,

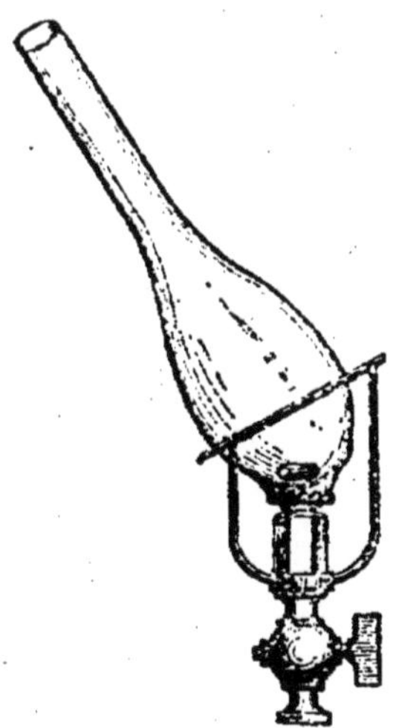

Fig. 38.

comme s'il s'agissait d'une coupellation d'argent. Il reste dans la coupelle un alliage d'or et d'argent qui jouit de la propriété de ne pas dissoudre d'oxygène comme le fait l'argent pur. Le bouton obtenu est laminé ou aplati en une feuille mince avec un marteau, puis recuit et enroulé sous la forme d'un cornet (fig. 37). Ce cornet est introduit dans un matras d'essayeur avec de l'acide azotique à 22° Baumé (fig. 38) et chauffé à l'ébullition pendant dix minutes. La majeure partie de l'argent est dissoute. On enlève les dernières traces d'argent en remplaçant l'acide à 22° par de l'acide à 32°, et faisant bouillir de nouveau. Les liqueurs obtenues contiennent tout l'argent, et on le récupère. L'or reste pur. Seulement le cornet est très fragile et serait brisé au moindre choc. Pour pouvoir le peser, on le lave plusieurs fois à l'eau distillée, mais en ayant soin de ne pas le briser; on remplit une dernière fois complètement le matras d'eau distillée, et on le renverse sur un petit creuset de terre ou de porcelaine. Il tombe lentement au fond. On laisse écouler l'eau du creuset que l'on fait chauffer ensuite, avec le cornet, au rouge. Dans cette opération le cornet redevient résistant, et on peut ensuite le porter sur la balance. Supposons qu'il pèse 0,449. Le titre de l'alliage cherché est le double multiplié par mille, ou 898.

TABLE DES MATIÈRES

FIN

PARIS. — IMP. C. MARION ET E. FLAMMARION, RUE RACINE, 26.